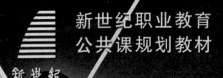

新世纪职业教育
公共课规划教材

Windows 7™

JISUANJI YINGYONG JICHU SHIYONG JIAOCHENG

计算机应用基础
实用教程
（Windows 7＋Office 2010）

主　编　陈辉江　耿忠江　温　强

副主编　王　君　杨　军　伍新湘

李　娜

大连理工大学出版社
DALIAN UNIVERSITY OF TECHNOLOGY PRESS

内容简介

本教材根据中等职业院校、高等职业院校非计算机专业计算机应用基础课程教学的要求和2009年教育部颁布的《中等职业学校计算机应用基础教学大纲》、最新的全国计算机等级(一级)考试大纲进行编写,主要内容有计算机基础知识、Windows 7操作系统、Word 2010文档操作、Excel 2010电子表格制作、PowerPoint 2010电子演示文稿制作、Internet应用、计算机安全等七个部分。

本书内容丰富、技术实用、图文并茂、通俗易懂。在编写时考虑职业院校教学特点,着力培养学生较强的操作能力,并能使学生触类旁通,举一反三。

本书可作为中等职业院校、高等职业院校、成人高等学校的计算机应用基础课程的教材,还可作为各类计算机培训班和自学计算机操作者的辅助教材和自学参考书。

本书配有教学电子素材,在教材服务网站提供读者免费下载使用。

图书在版编目(CIP)数据

计算机应用基础实用教程 / 陈辉江,耿忠江,温强主编. — 大连 : 大连理工大学出版社,2014.8(2016.7重印)
新世纪职业教育公共课规划教材
ISBN 978-7-5611-9348-8

Ⅰ. ①计… Ⅱ. ①陈… ②耿… ③温… Ⅲ. ①电子计算机—中等专业学校—教材 Ⅳ. ①TP3

中国版本图书馆CIP数据核字(2014)第162294号

大连理工大学出版社出版
地址:大连市软件园路80号 邮政编码:116023
发行:0411-84708842 邮购:0411-84708943 传真:0411-84701466
E-mail:dutp@dutp.cn URL:http://www.dutp.cn
大连美跃彩色印刷有限公司印刷 大连理工大学出版社发行

幅面尺寸:185mm×260mm 印张:12.75 字数:293千字
2014年8月第1版 2016年7月修订 2016年7月第3次印刷

责任编辑:高智银 责任校对:董华磊
封面设计:张 莹

ISBN 978-7-5611-9348-8 定价:32.00元

前　言

随着现在社会信息技术的发展和需求,为加强信息技术人才的培养,适应信息技术教育的发展,帮助学生学习和掌握计算机实用技术,根据2009年教育部颁布的《中等职业学校计算机应用基础教学大纲》、计算机应用技术中级考核大纲、计算机系统操作职业资格鉴定考核要求,以满足能力需求为出发点,从认知规律出发,激发学习兴趣,培养综合应用能力,我们编写了《计算机应用基础实用教程》,同时编写了配套的实训、习题教材。

本教材旨在使非计算机专业学生具备基本的信息素养和计算机应用能力,培养学生的动手能力、分析问题和解决问题的能力以及再学习的能力,为其专业学习服务。

本教材结合了中等职业院校、高职院校非计算机专业计算机应用基础课程教学的要求和2009年教育部颁布的《中等职业学校计算机应用基础教学大纲》、最新的全国计算机等级(一级)考试大纲,编排了计算机基础知识、Windows 7操作系统、Word 2010文档操作、Excel 2010电子表格制作、PowerPoint 2010电子演示文稿制作、Internet应用、计算机安全等七个部分的知识内容。

本教材以项目驱动的方式展开教学,将项目工作任务与知识点相结合,让学生多动手、多思考、多实践,从而了解和掌握计算机基本知识和技能。课程实施以学生为中心,融"教、学、做"为一体。包含了2009年教育部颁布的《中等职业学校计算机应用基础教学大纲》中的"职业模块"内容。对每一个上机操作实例都提出了明确的实训目标,并给出了具体的操作步骤。通过大量的上机练习,达到掌握所学理论和熟练操作的目的,为今后的职业生涯打下坚实基础。

新世纪

　　本书是由中等职业学校的从事计算机应用基础教学的一线教师、高职院校教师联合编写，面向计算机知识零起点的读者，内容丰富、广度和深度适当，技术新且实用，图文并茂，通俗易懂，讲解清楚。不仅能满足各类中职学校计算机应用基础课教学的需要，还可以作为各类高职院校、成人高等学校、各类职业培训和社会各界人士学习计算机基本操作的自学用书。

　　本教材由伊犁职业技术学院陈辉江、伊宁卫生学校耿忠江和伊犁职业中专（师范）学校温强任主编，由伊犁职业技术学院王君、伊犁职业中专（师范）学校杨军、伊犁州财贸学校伍新湘和伊犁技师培训学院李娜任副主编。伊犁职业技术学院陈群、伊克曼·艾尼，阿克苏地区库车中等职业技术学校钟文姗，伊犁州财贸学校肖丽盼·吐坎、张秋红，伊犁技师培训学院阿不都热西提·阿不都克依木，喀什疏勒县中等职业技术学校图尔贡·热合曼、图尔苏·约麦尔、苏力坦布格拉·艾尼瓦，哈密师范学校阿力甫·艾赛提参与了编写。在编写过程中参考了大量的教材和资料，在此特向所有作者表示衷心的感谢。

　　由于时间仓促，加之编者水平有限，教材中难免会有错误和疏漏之处，敬请专家和读者批评指正。

编　者

2014 年 8 月

所有意见和建议请发往：dutpgz@163.com

欢迎访问教材服务网站：http://www.dutpbook.com

联系电话：0411-84707492　84706104

目 录

模块一　计算机基础知识

项目一　了解计算机基础知识

项目分析

【项目说明及解决方案】

计算机短短几十年的发展给我们的生活和学习带来了巨大的改变。作为一个电子产品，计算机是如何发展起来的，又是如何应用在不同领域的，这些都是我们需要大体了解的内容。

本项目将简单地介绍计算机的发展历史，以及计算机的应用领域和发展方向，详细讲解计算机的数制的表示方法以及常用的几种数制之间的转换。通过介绍使学生对计算机基础知识有一个基本的了解与掌握。

【学习重点与难点】

- 了解计算机的发展历史与应用领域
- 了解计算机的数制表示方法
- 了解计算机常用进制之间的转换
- 了解计算机软件系统的组成

项目实施

任务一　计算机的发展历史与应用领域

1. 计算机的发展历史

现如今，人们的生活已经离不开计算机。不管是在工作、学习还是娱乐等方面，计算机都能依托高速、智能和稳定的硬件设备，结合不断发展、内容繁多和越来越人性化的软件应用平台，给我们带来极大的便利。随着计算机网络的不断发展，计算机使得人与人之间的距离"远在天边"，而仿佛又"近在眼前"。

公认的第一台电子计算机是在 1946 年由美国的宾西法利亚大学研制出的 ENIAC（Electronic Numerical Integrator And Computer），如图 1-1-1 所示。当时这个占地 170 平方米、造价昂贵的机器的运算速度仅仅为每秒 5000 次，与现代的任意一台计算机都无法比拟，但在当时已经是惊人的速度了。

图 1-1-1　第一台电子计算机 ENIAC

在整个计算机发展史中，有一位著名的科学家、"现代电子计算机之父"冯·诺依曼是位不得不提的人物，如图 1-1-2 所示。之所以给他如此高的评价，是因为冯·诺依曼教授确定了现代计算机的基本结构，即明确了计算机由五个部分组成，包括运算器、控制器、存储器、输入设备和输出设备。他又根据电子元器件的工作特点，使用二进制代码表示计算机中的各种数据和指令信息。直到现在，他所制定的计算机工作原理还被各种计算机使用着。

图 1-1-2　冯·诺依曼

计算机从诞生至今成为学习和生活等各方面的"必需品"，不过短短的几十年。人们一般根据各阶段构成计算机的主要元器件将计算机划分成四个阶段。

（1）第 1 代电子计算机

构成这一阶段电子计算机的基础元器件是真空电子管，并且确立了计算机的五个主要组成部分以及用二进制代码表示的数值信息的使用。其主要应用于科学计算，使用的编程语言有机器语言和汇编语言等。

（2）第 2 代电子计算机

1948 年，晶体管的发明使得第 2 代电子计算机的元器件由晶体管代替了电子管。由于使用了体积更小、速度更快、价格更低和功能更强的晶体管,使得计算机的性能和结构有了很大的提高。这一阶段,开始出现了 FORTRAN 等高级语言。计算机的应用范围也更加广泛,从实验室的实验品和军事上的工具等角色逐渐变化成商品,一些工业技术在更多领域中使用。

(3)第 3 代电子计算机

从这一代开始,计算机的电子元器件由 20 世纪 50 年代生产的集成电路所代替,在软件上,操作系统及应用软件也出现了大幅度的技术提升。文字和图形图像的处理也开始崭露头角。

(4)第 4 代电子计算机

第 4 代电子计算机从 1971 年至今,被称为超大规模、极大规模集成电路计算机。随着集成电路集成度的进一步发展,出现了微处理器等部件,最大的发展成果是使得计算机能够成为普通人们的家用产品,在生活、学习和娱乐等方面有了很多的应用。此外,数据库、计算机网络和计算机多媒体技术等也开始出现,并应用到各个领域。

2.计算机的发展方向

未来的计算机会进一步地向着微型化、网络化和智能化的方向发展。

(1)微型化

无论是工作、学习使用,还是生活、娱乐使用,现在的人们更希望计算机可以在性能不断提高的同时,硬件的体积更小,以方便外出携带。如现在使用较多的平板电脑、智能本和上网本,甚至一些智能手机等,都带给人们极大的便利。通过这些设备,人们可以随时随地上网、玩游戏、看电影和办公等。

(2)网络化

现阶段随着 3G 网络,甚至 4G 网络的发展,人们发现走到哪里,网络就会遍布到哪里。餐馆、酒店、学校、公共场所,甚至在公交车上都有免费的 WIFI 网络可供使用。因此,计算机网络技术中的有线、无线网络技术,以及其在各种计算机中的应用和各类计算机网络的互联,也是未来计算机发展的一大方向。未来,通过网络将家用电器、手机遥控器和计算机等连接起来,将会构建全球范围的物联网。

(3)智能化

现如今,人们对手机的要求大都是需要智能化。而计算机智能化的发展主要体现在模拟仿真技术上。设计制造出高性能仿真机器人,代替人去一些人类无法到达的地方,完成科学研究和深海勘测等是未来计算机的一个发展方向。

3.计算机的应用领域

计算机作为 20 世纪的伟大发明之一,广泛应用于工业、农业、军事、民用和科学研究等各个方面。计算机带给人类的生产生活上的便利是毋庸置疑的。

(1)科学计算

最初,计算机的发明是为了科学计算,现如今,在这一领域依然有着广泛的应用。计算的速度越来越快,且计算的精度越来越高,节省了大量的人力、物力和时间。

(2)信息管理

随着计算机在普通人们的生活中越来越普及,信息管理也成为计算机应用的一个主要方面。改变以前纸质文字资料的保存与管理方法,现在越来越多的单位和家庭使用电子化、无纸化的办公和生活方式,大大提高了存储和更改的效率。

（3）计算机辅助设计

目前,我国的各大学开设的各种专业学科中,除了基本的计算机基础课程之外,都少不了一些跟计算机相关的专业课程。由此可见,计算机在不同领域都有很好的应用。这些都是使用计算机来作为辅助工具,完成计算机辅助设计和计算机辅助制造等方面的内容。

（4）多媒体技术

所谓的多媒体技术,是针对计算机中文本、数值、声音和图形图像等进行表示、处理和存储等方面的内容。现在的多媒体技术在教育、医疗、建筑和工业等领域都有很大的发展与应用,其中在动画、游戏和电影电视等娱乐方面的表现尤其深得人们的喜爱。

任务二   计算机的信息单位

1. 位

在计算机中,组成数字信息的最小单位是"比特",也称为"位",其英文为"bit",用小写字母"b"表示,包含两种状态,即 0 和 1,通常称为一个"二进制位"。比特在计算机中可以表示文字、符号、图片、声音和视频等各种信息。

2. 字节

计算机中常用的最小的数字信息存储单位是"字节",其英文为"Byte",用大写字母"B"表示。一个字节等于 8 位,即 1 B＝8 b。

字节这个单位对于现代计算机来说太小,因此我们常常用到的存储单位有千字节 KB、兆字节 MB、吉字节 GB 和太字节 TB 等。

它们之间的转换关系是:

1 KB＝2^{10} B＝1024 B

1 MB＝2^{10} KB＝1024 KB

1 GB＝2^{10} MB＝1024 MB

1 TB＝2^{10} GB＝1024 GB

任务三   计算机中的数制及其转换

1. 常用进制

我们日常生活中使用的数值的进制是十进制,而计算机中的数值是用二进制来表示,还有八进制和十六进制作为辅助进制。因此我们需要掌握几种进制之间的转换。

十进制是我们熟悉的进制,由 0、1、2、3、4、5、6、7、8 和 9 共 10 个数字组成,基数为 10,逢十进一。

二进制是计算机所使用的进制,由 0 和 1 共 2 个数字组成,基数为 2,逢二进一。

八进制由 0、1、2、3、4、5、6 和 7 共 8 个数字组成,基数为 8,逢八进一。

十六进制由 0、1、2、3、4、5、6、7、8、9、A、B、C、D、E 和 F 共 16 个数字组成,基数为 16,

逢十六进一。其中，A、B、C、D、E 和 F 分别表示十进制中的 10、11、12、13、14 和 15。

2. 进制转换

进制之间的转换主要有以下几种：

(1)二进制转换为十进制

二进制转换为十进制只需把每一个位数以幂级数的形式展开再进行求和计算，得到的就是十进制的值。

例如：

$(11011.101)_2$

$=(1\times2^4+1\times2^3+0\times2^2+1\times2^1+1\times2^0+1\times2^{-1}+0\times2^{-2}+1\times2^{-3})_{10}$

$=(16+8+0+2+1+0.5+0+0.125)_{10}$

$=(27.625)_{10}$

(2)十进制转换为二进制

例如：将十进制 27.64 转换为二进制。

①将整数部分 27 除以 2，取余数，直到商为 0 为止，逆序取余。

②将小数部分 0.64 乘以 2，取整数，直到乘积为 0 或者满足精度为止，顺序取整。

$$
\begin{array}{ccccl}
 & & & \text{余数} & \qquad 0.64 \\
2 & \underline{} & 27 & \cdots\cdots\ 1\ \text{最低位} & \quad\times\quad 2 \\
 & 2 & \underline{}\ 13 & \cdots\cdots\ 1 & \qquad 1.28 \quad\cdots\cdots 1\ \text{最高位}\\
 & & 2\ \underline{}\ 6 & \cdots\cdots\ 0 & \quad\times\quad 2\\
 & & 2\ \underline{}\ 3 & \cdots\cdots\ 1 & \qquad 0.56 \quad\cdots\cdots 0\\
 & & 2\ \underline{}\ 1 & \cdots\cdots\ 1\ \text{最高位} & \quad\times\quad 2\\
 & & 0 & & \qquad 1.12 \quad\cdots\cdots 1\ \text{最低位}
\end{array}
$$

因此，$(27.64)_{10}=(11011.101)_2$

(3)二进制转换为八进制和十六进制

二进制转换为八进制，是以小数点为分界线，整数向左、小数向右，每 3 位划成一组，不足的整数左边、小数右边补 0，然后每一组对应 1 个八进制数字。

二进制转换为十六进制，是以小数点为分界线，整数向左、小数向右，每 4 位划成一组，不足的整数左边、小数右边补 0，然后每一组对应 1 个十六进制数字。

$(11101001000000.0111)_2=(011\ 101\ 001\ 000\ 000.011\ 100)_2=(35100.34)_8$

$(11101001000000.0111)_2=(0011\ 1010\ 0100\ 0000.0111)_2=(3A40.7)_{16}$

(4)八进制和十六进制转换为二进制

由于 1 个八进制数字对应 3 个二进制数字，将八进制转换为二进制只需将八进制中的每一个数字转换为 3 个二进制数字即可。而十六进制则每一个数字对应 4 个二进制数字。

$(76.26)_8=(111\ 110.010\ 110)_2=(111110.01011)_2$

$(C23.57)_{16}=(1100\ 0010\ 0011.0101\ 0111)_2=(110000100011.01010111)_2$

任务四　软件系统

一台完整的计算机是由硬件系统和软件系统组成的。软件指的是计算机运行的程序、与程序相关的文档以及计算机运行时需要的数据。从应用的角度出发,计算机的软件一般分为两大类,即系统软件和应用软件。

1. 系统软件

系统软件指的是管理和维护计算机的硬件资源的、给用户使用计算机提供方便的软件。常用的系统软件有操作系统、程序设计语言及其处理系统、数据库管理系统等。

其中,程序设计语言及其处理系统是人与计算机沟通的一种方式。语言系统主要有机器语言、汇编语言和高级语言三类。

机器语言的指令都由二进制代码0或1组成,计算机能够直接执行,但相对来说,人们学习起来就很困难。

汇编语言是一种使用助记符来表示的程序设计语言,它的每一条指令对应一条机器语言代码,计算机不能够直接执行,相对来说较难掌握。

高级语言是目前使用较多的一种程序设计语言。语言处理系统可以把它转换成可以在计算机上执行的程序。相对前两种语言来说,高级语言更接近人类的语言方式,学习起来较为容易,可以编写各种计算机软件。其中,面向对象的C++、C♯和Java等主流高级语言在计算机和手机软件开发上都有很广泛的应用。

2. 应用软件

应用软件指的是实实在在解决各种具体问题的软件。这一类的软件大多是常用的软件,几乎每台计算机都要安装,如办公软件Microsoft Office、QQ、迅雷、暴风影音和各类浏览器等。这一类的软件有不少是免费的,用户在网上搜索下载并安装后即可使用。

项目总结

随着计算机技术的高速发展,计算机的应用已经渗透到各个专业领域,我们的工作和学习越来越离不开计算机的帮助。因此,为了更好地使用计算机,我们很有必要了解计算机的发展史,了解计算机的应用范围,掌握计算机中数值的表示方法以及几种进制之间的转换,为以后的学习打下基础。

拓展延伸

1. ASCII

ASCII 即美国信息交换标准代码(American Standard Code for Information Interchange),是一种用于信息交换的美国标准代码。标准 ASCII 码用 7 位二进制表示。

2. 区位码与国际码的转换

国标码高位字节=(区号)H+20H

国标码低位字节=(位号)H+20H

区位码用两个十进制数表示,而国际码用两个十六进制数表示。

例如,已知某汉字的区位码是 2256,则其国标码是:

高位字节=(22)(十进制)+20H(十六进制)=16H+20H=36H

低位字节=(56)(十进制)+20H(十六进制)=38H+20H=58H

因此,这个字的国标码为 3658H。

自我练习

作为学校一年级的新生,你所学的是什么专业?你的专业课程中有哪些是和计算机相关的?请各位同学询问自己所在专业的专业课老师或者学长、学姐们,了解一下计算机这个现今应用最广泛的工具在自己专业中的应用。

项目二　选购、配置笔记本计算机

项目分析

【项目说明及解决方案】

随着计算机的普及,越来越多的专业开设了与计算机相关的课程,因此同学们需要选购和配置属于自己的笔记本计算机。但由于对计算机硬件系统知识的缺乏,很多学生在购买笔记本计算机的时候花了足够的钱却买不到物美价廉、性价比高的计算机,甚至在使用中带来了若干不能解决的麻烦。因此,希望同学们能通过学习计算机的硬件组成,掌握笔记本计算机的选购以及日常的维护和管理。

本项目先简单地介绍计算机的硬件组成,再通过学习笔记本计算机的各个主要部件的基本知识以及在选购时的一些技巧,讲解如何购买笔记本计算机。

【学习重点与难点】

- 了解计算机的基本组成
- 掌握笔记本计算机的主要部件
- 掌握笔记本计算机的选购办法

项目实施

任务一　计算机系统的基本组成

自 1946 年第一台电子计算机的诞生至今已经经过了 60 多年的发展,计算机的功能及应用在不断地提高和增强,计算机系统的组成也越来越复杂。但不论怎么变化,其组成和工作原理大体还是相同的。

计算机系统的组成可分为硬件系统和软件系统两大部分,如图 1-2-1 所示。计算机硬件系统是指那些看得见、摸得着、实实在在存在的物理设备,如中央处理器、内存条、硬盘和显卡等。而计算机软件系统主要指的是在计算机中运行的各种程序及其处理的数据和相关的文档。

计算机硬件通过总线将中央处理器(CPU)、内存储器、外存储器和输入/输出设备等连接起来,构成计算机的主体部分。此外,还有显卡、主板和电源等设备。

中央处理器(CPU)在整台计算机中的作用相当于“大脑”“司令部”,主要由运算器、控制器和寄存器组等部件组成,主要任务是执行指令,并完成数据的运算及处理。

内存储器也叫主存,与 CPU 直接连接,存储的是正在运行的程序和计算处理的数据。外存储器又叫辅助存储器,可以长期存放计算机中的数据信息。

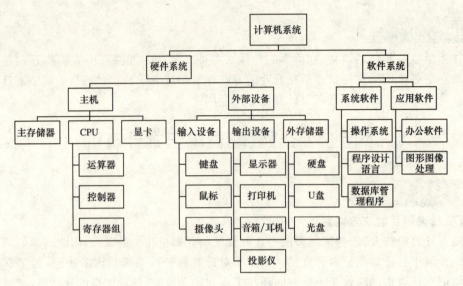

图 1-2-1　计算机系统组成

　　输入设备将数据信息输入到计算机中,用二进制来表示,再通过输出设备将这些二进制数据信息转换为人能感知和识别的信息。

任务二　笔记本计算机的主要硬件组成

　　笔记本计算机属于个人计算机,又叫作手提电脑,其硬件设备集成度较高,体积较小,性能高效,绿色环保,一般的重量在 1～3 kg,并且随着电子技术的发展,价格也越来越实惠,已经越来越多地成为职场人士和在校学生等普通大众工作、学习及娱乐的工具。第一台笔记本计算机(如图 1-2-2 所示)是在 1985 年由日本东芝公司生产的 T1100,当时其运行频率为 16 MHz,内存为 1 MB,内置了 40 MB 的 SCSI 硬盘,且价格不菲。而如今,4000元左右的笔记本计算机配置的内存就可以有 4 GB 了。可以说,计算机的发展是迅速的,大约平均一年左右,计算机的性能就会有一个比较显著的提高。

图 1-2-2　第一台笔记本计算机 T1100

　　笔记本计算机与台式计算机相比,其硬件系统的基本构成是相同的,都包括了中央处理器、显示器、内存储器、外存储器、显卡和输入/输出设备等,但由于其集成度更高且体积相对较小,价格也相对偏高。笔记本计算机未来的发展趋势是更加小巧轻便,且性能会越来越高。

1. 主板

笔记本计算机的主板（如图 1-2-3 所示）与台式计算机相比，体积更小，集成度更高，除集成了南北桥芯片、BIOS 芯片、网卡和声卡等电子器件外，由于受空间限制，还放置了其他的笔记本计算机配件。因此，主板是笔记本计算机运行的基础。

图 1-2-3　笔记本计算机的主板

2. 中央处理器（CPU）

笔记本计算机的中央处理器（CPU）如同台式机计算机的 CPU 一样，虽然体积非常小，但却是计算机的运算和控制核心，其性能是衡量这台笔记本计算机的主要指标之一，其中有以下几个重要的性能参数：

（1）主频，也称为"时钟频率"（CPU Clock Speed），现在的单位一般为 GHz，主要表现 CPU 的运算速度及数据的处理速度。

（2）缓存，即高速缓冲存储器（Cache），它是一个容量相对较小的存储器。缓存的存在可以减少 CPU 访问内存的次数。当 CPU 需要某个数据时，先到相对来说速度较快的缓存中去找，找到了就可以直接处理，节省了 CPU 访问内存而等待的时间；如果找不到，则再到速度相对较慢的内存中调取。CPU 直接从缓存中找到有用的数据称为"命中"，现如今的 CPU 自带了三级缓存，虽然存储容量较小，但由于命中率较大，所以可以更好地发挥 CPU 高速的性能。

（3）字长，指的是 CPU 一次能并行处理的二进制位数，也是 CPU 的重要性能指标之一。目前主流的笔记本计算机的字长大多是 64 位。

目前，一些中档笔记本计算机的 CPU 配置的就是 Intel 公司的 Core i5 处理器 i5-3210M（如图 1-2-4 所示），其主频是 2.5 GHz，三级缓存是 3 MB。

3. 内存储器

笔记本计算机的内存（如图 1-2-5 所示）是对数据资料进行临时存取的部件，目前主流的内存的类型是 DDR2 和 DDR3，容量大小主要有 2 GB 和 4 GB。笔记本计算机一般

图 1-2-4　Core i5 处理器

都有两个以上的内存插槽,最近两年,笔记本计算机的操作系统由 Windows XP 到 Windows 7,再到最新的 Windows 8,大型的应用软件也使用较多,对笔记本计算机的内存要求逐步增加,因此如果用户感觉内存较小,可以在另一个插槽上增加一个内存条,一般笔记本计算机都可以支持 8～16 GB 的内存。

图 1-2-5　笔记本计算机的内存

4. 外存储器

笔记本计算机的主要存储设备是硬盘,大量的数据信息存储在这里。传统的笔记本计算机的硬盘是机械硬盘,现在主流硬盘的容量是 500 GB～1 TB,转速 5400 转/分或 7200 转/分,接口类型是 SATA。但在某些高端的笔记本计算机中开始配备了一些闪存(FLASH)硬盘(如图 1-2-6 所示),也就是 SSD 硬盘。与传统硬盘相比,SSD 硬盘体积更小,耐摔,速度也更快。例如,Apple 笔记本计算机 MD231CH/A,其闪存比传统的 5400 转/分的笔记本计算机硬盘快 4 倍。但由于技术问题,目前其价格较高,容量较小。随着技术的发展,成本会逐渐降低,未来会有更广阔的应用,而由闪存节省的空间可容下更大的电池。

5. 显卡

十几年前,计算机图形图像的应用远没有现在这么广泛,因此当时的显卡大多集成在主板上,使计算机能够实现普通的显示功能。但随着多媒体技术的发展,人们需要计算机能够运行大型的游戏、制作动画及剪辑视频,于是即使笔记本计算机也都配置了采用专业

图 1-2-6 闪存硬盘

的图形处理芯片的独立显卡。例如,nVIDIA 和 AMD 都是有名的显卡品牌,如图 1-2-7 所示。

图 1-2-7 显卡品牌

6. 显示器

笔记本计算机的显示器(如图 1-2-8 所示)主要有 LCD(液晶显示器)和 LED(发光二极管显示器)两大类。

图 1-2-8 笔记本计算机的显示器

(1)液晶显示器的尺寸

该尺寸指的是显示器对角线的长度,计量单位是英寸,常见的有 10 寸、11 寸、12 寸、14 寸和 15 寸等。

(2)液晶显示器的长宽比

根据长宽比的不同,可以将液晶显示器分为宽屏液晶显示器和非宽屏液晶显示器。常用的液晶显示器的长宽比有 16∶10 和 16∶9。

(3)液晶显示器的分辨率

液晶显示器的分辨率指的是水平像素值和垂直像素值的乘积。

7.输入接口

不同品牌的笔记本计算机,其输入接口的数量和位置是不同的。一般来说,笔记本计算机都应该配有多个高速 USB(USB 2.0)端口或超高速 USB(USB 3.0)端口、HDMI 或 VGA 视频端口、RJ45 网线接口、安全锁孔、电源接口、麦克风/音频输入接口和多合一读卡器等输入接口。如图 1-2-9 所示为宏碁(Acer)笔记本 E1-471G-53212G50Mnks(NX. M1SCN.008)的输入接口。

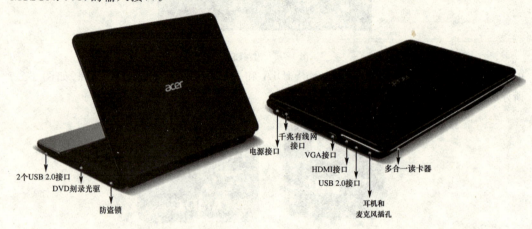

图 1-2-9　宏碁(Acer)笔记本 E1-471G-53212G50Mnks(NX. M1SCN.008)接口

8.外壳

笔记本计算机的外壳主要是用来保护笔记本计算机的机体、帮助笔记本计算机散热和美化笔记本计算机的。其材质主要有硬度塑胶外壳、金属合金外壳和碳素纤维外壳等。

任务三　选购笔记本计算机

笔记本计算机是很多学生在购买计算机时的首选对象。因为相对台式计算机来说,笔记本计算机体积小,方便携带,外观更时尚美观,如图 1-2-10 所示。但大多数同学对笔记本计算机还不是很了解,而市场上不同品牌、型号的计算机又千差万别,如果要想选中一款适合自己使用的、价格合理的笔记本计算机,就需要在购买之前对它有一个比较深入的了解。

图 1-2-10　Sony 和华硕品牌笔记本计算机

1.明确购买定位

现在市场上的笔记本计算机的品牌较多,主流的有联想(ThinkPad)、惠普(HP)、戴尔(Dell)、苹果(Apple)、华硕(Asus)、索尼(Sony)、东芝(Toshiba)、宏碁(Acer)和三星(Samsung)等。

对于大多不熟悉笔记本计算机的学生来说,选择称心如意的计算机是一件不容易的事。我们选购的时候一般都本着从实际出发,选择性价比较高的计算机,以"合理、够用"为原则。

2. 了解市场行情

许多同学在购买之前不知道如何下手,在询问了一些已经有笔记本计算机的亲朋好友之后仍是一头雾水。其实,我们在购买之前就要确定下自己需要买多大尺寸的笔记本计算机。一般来说14寸的笔记本使用的人较多,大小合适,但对于常常出差的人或者是女生,可以考虑买小一点的,比如12寸的,但可能价格相对的就要高一点。接着要考虑用途,因为这将直接决定所购买计算机的配置。对一般学生来说,笔记本计算机主要用来作为学习专业软件的工具,如果需要用来处理二维动画、三维动画和影视后期等占用计算机资源较大的文件,那么配置就需要再高一点,来带动软件的运行和渲染出作品。

笔记本计算机的配置越来越高,价格却在不断地下降。我们在购买笔记本计算机之前,应该认真地了解笔记本计算机的市场行情。我们可以在一些电子商务网站上查询某款笔记本计算机的价格和配置情况,并且通过已购买客户对这些计算机的使用情况所做出的评价做一个比较分析。例如,京东网上商城 http://www.jd.com,苏宁易购 http://www.suning.com 等网站,都有根据不同品牌、价格和 CPU 类型来划分笔记本计算机,买家只需根据自己的需求选择就好。或者即使不在网上购买,也可以通过这些资讯在实体店购买时做到心中有数。

在这里,我们需要根据意向价位及所收集信息的结果确定打算选购的笔记本计算机的配置;考虑到售后服务和个人喜好而选择品牌;选择笔记本计算机的外壳样式。

3. 选购笔记本计算机的技巧

在做足了"功课"之后,就可以到市场上进行"实战"了。

(1)货比三家,不急于购买

笔记本计算机虽然已经不像过去那么昂贵了,但花费也不小,并且未来几年需要用它处理一些工作和学习上的问题,因此在购买的时候还是要谨慎小心。可以根据前面收集的资料准备几个备选,多去几家实体店,多问多看,然后再选择购买。

(2)不随便接受临场推荐

当你兴冲冲地拿着选好的笔记本计算机的信息到实体店购买笔记本计算机时,卖家常常会对你准备购买的机器挑出若干毛病,然后推荐另一种型号的笔记本计算机。这个时候,你就需要有足够的警惕。一般来说,不要随便接受卖家的推荐,因为对推荐的计算机一无所知,一味地听销售人员的推荐,往往会多花冤枉钱。

(3)确定笔记本计算机的精确型号

笔记本计算机的型号名字通常比较长,不同的型号其配置有很大的区别。例如,同样是联想 ThinkPad SL410K,因为名字最后的字母不同,价格可以差 2000 元左右。因此,我们在到实体店询问价格时一定要报出精确的型号名称,不给卖家有"可乘之机"。

（4）了解附送赠品

购买笔记本计算机通常都会附带一些赠品，有些也确实实用。在咨询笔记本计算机价格和配置时不妨顺带询问一下。但羊毛毕竟出在羊身上，切莫被赠品迷惑，而忽略了笔记本计算机的质量。

（5）索要发票

对于计算机新手来说，在使用过程中不可避免地会遇到各种各样的问题，这时候就需要求助售后服务了。有了发票就有了保障，否则很有可能会在保修的过程中遇到麻烦。

项目总结

随着价格的不断降低和功能的不断增加，计算机越来越多地应用于不同的专业领域。学生们也在本专业的课程中或多或少地学习和计算机相关的课程，因此不少学生配置了笔记本计算机。本项目就是通过介绍计算机硬件配置及笔记本计算机的各个主要基本部件，指导学生如何选购和配置自己的笔记本计算机。

拓展延伸

BIOS

BIOS 是英文"Basic Input/Output System"的缩写，翻译成中文为基本输入/输出系统。BIOS 其实是一套程序，一般安装在主板上的 BIOS 只读存储器 BIOS ROM 中。计算机启动开机时，首先执行的是 BIOS 程序，然后进行加电自检，在诊断计算机没有故障之后，引导程序装入操作系统。此后，用户就可以在操作系统的平台上使用计算机了。

自我练习

结合所学到的知识，通过在网上查询和到实体店的现场考察，根据笔记本计算机的选购原则，充分考量 CPU、内存、显卡、硬盘和显示器等硬件设备的配置，选购一款适合于非计算机专业学生学习和娱乐使用的笔记本计算机。

理论练习题

一、单选题

1. 在计算机内部用来传送、存储和处理的数据或指令都是以（　　）形式进行的。

A. 十进制码　　　　B. 二进制码　　　　C. 八进制码　　　　D. 十六进制码

2. 下列关于世界上第一台电子计算机 ENIAC 的叙述中（　　）是不正确的。

A. ENIAC 是 1946 年在美国诞生的

B. 主要采用电子管和继电器

C. 首次采用存储程序和程序控制使计算机自动工作

D. 主要用于弹道计算

3. 用高级程序设计语言编写的程序称为（　　）。

A. 源程序　　　　B. 应用程序　　　　C. 用户程序　　　　D. 实用程序

4.二进制数 011111 转换为十进制整数是（　　）。

A. 64　　　　　　　　B. 63　　　　　　　　C. 32　　　　　　　　D. 31

5.将用高级程序语言编写的源程序翻译成目标程序的程序称为（　　）。

A. 连接程序　　　　　　B. 编辑程序　　　　　　C. 编译程序　　　　　　D. 诊断维护程序

6.十进制数 101 转换成二进制数是（　　）。

A. 01101001　　　　　B. 01100101　　　　　C. 01100111　　　　　D. 01100110

7.已知字符'A'的 ASCII 码是 01000001B,则字符'D'的 ASCII 码是（　　）。

A. 01000011B　　　　B. 01000100B　　　　C. 01000010B　　　　D. 01000111B

8.1 MB 的准确数量是（　　）。

A. 1024×1024 Words　　　　　　　B. 1024×1024 Bytes

C. 1000×1000 Bytes　　　　　　　D. 1000×1000 Words

9.在系统软件中,操作系统是最核心的系统软件,它是（　　）。

A. 软件和硬件之间的接口　　　　　　B. 源程序和目标程序之间的接口

C. 用户和计算机之间的接口　　　　　D. 外设和主机之间的接口

10.计算机软件系统由（　　）两大部分组成。

A. 系统软件和应用软件　　　　　　B. 主机和外部设备

C. 硬件系统和软件系统　　　　　　D. 输入设备和输出设备

11.目前微机中所广泛采用的电子元器件是（　　）。

A. 电子管

B. 晶体管

C. 小规模集成电路

D. 大规模和超大规模集成电路

12.编译程序的最终目标是（　　）。

A. 发现源程序中的语法错误

B. 改正源程序中的语法错误

C. 将源程序编译成目标程序

D. 将某一高级语言程序翻译成另一高级语言程序

13.32 位微机是指它所用的 CPU（　　）。

A. 一次能处理 32 位二进制数

B. 能处理 32 位十进制数

C. 只能处理 32 位二进制定点数

D. 有 32 个寄存器

14.任意一汉字的机内码和其国标码之差总是（　　）。

A. 8000H　　　　B. 8080H　　　　C. 2080H　　　　D. 8020H

15.在计算机的存储单元中存储的（　　）。

A. 只能是数据　　　　　　　　　B. 只能是字符

C. 只能是指令　　　　　　　　　D. 可以是数据或指令

16. Von Neumann(冯·诺依曼)型体系结构的计算机包含的五大部件是(   )。

A. 输入设备、运算器、控制器、存储器和输出设备

B. 输入/输出设备、运算器、控制器、内/外存储器和电源设备

C. 输入设备、中央处理器、只读存储器、随机存储器和输出设备

D. 键盘、主机、显示器、磁盘机和打印机

17. 微机中,西文字符所采用的编码是(   )。

A. EBCDIC 码   B. ASCII 码   C. 原码   D. 反码

18. 一个汉字的国标码用 2 个字节存储,其每个字节的最高二进制位的值分别为(   )。

A. 0,0   B. 1,0   C. 0,1   D. 1,1

19. 高级程序语言的编译程序属于(   )。

A. 专用软件   B. 应用软件   C. 通用软件   D. 系统软件

20. 用高级程序设计语言编写的程序称为源程序,它(   )。

A. 只能在专门的机器上运行

B. 无需编译或解释,可直接在机器上运行

C. 不可读

D. 具有可读性和可移植性

21. 以下属于高级语言的有(   )。

A. 机器语言   B. C 语言   C. 汇编语言   D. 以上都是

22. 为了避免混淆,十六进制数在书写时常在后面加上字母(   )。

A. H   B. O   C. D   D. B

23. 计算机硬件能直接识别并执行的语言是(   )。

A. 高级语言   B. 算法语言   C. 机器语言   D. 符号语言

24. 电子计算机的发展已经历了四代,四代计算机的主要元器件分别是(   )。

A. 电子管、晶体管、集成电路和激光器件

B. 电子管、晶体管、小规模集成电路、大规模和超大规模集成电路

C. 晶体管、集成电路、激光器件和光介质

D. 电子管、数码管、集成电路和激光器件

25. 下列说法中错误的是(   )。

A. 简单地说,指令就是给计算机下达的一道指令

B. 指令系统有一个统一的标准,所有的计算机指令系统均相同

C. 指令是一组二进制代码,规定由计算机执行程序的操作

D. 为解决某一问题而设计的一系列指令就是程序

26. KB(千字节)是度量存储器容量大小的常用单位之一,这里的 1 KB 等于(   )。

A. 1000 个字节   B. 1024 个字节   C. 1000 个二进制位 D. 1024 个字

27. 微型计算机的主机由 CPU、(   )构成。

A. RAM   B. RAM、ROM 和硬盘

C. RAM 和 ROM   D. 硬盘和显示器

28.下列存储器中,属于外部存储器的是(　　)。

A. ROM　　　　　　B. RAM　　　　　　C. Cache　　　　　　D. 硬盘

29.计算机软件系统由(　　)两大部分组成。

A. 系统软件和应用软件　　　　　　　B. 主机和外部设备

C. 硬件系统和软件系统　　　　　　　D. 输入设备和输出设备

30.下列叙述中,错误的是(　　)。

A. 计算机硬件主要包括主机、键盘、显示器、鼠标和打印机五大部件

B. 计算机软件分系统软件和应用软件两大类

C. CPU 主要由运算器和控制器组成

D. 内存储器中存储当前正在执行的程序和处理的数据

31.下列存储器中,属于内部存储器的是(　　)。

A. CD-ROM　　　　B. ROM　　　　　　C. 软盘　　　　　　D. 硬盘

32.下列关于存储器的存取速度快慢的比较中,(　　)是正确的。

A. 硬盘＞软盘＞RAM　　　　　　　　B. RAM＞硬盘＞软盘

C. 软盘＞硬盘＞RAM　　　　　　　　D. 硬盘＞RAM＞软盘

33.下列叙述中,错误的是(　　)。

A. CPU 可以直接处理外部存储器中的数据

B. 操作系统是计算机系统中最主要的系统软件

C. CPU 可以直接处理内部存储器中的数据

D. 一个汉字的机内码与它的国标码相差 8080H

34.多媒体计算机中除了通常计算机的硬件外,还必须包括(　　)四个硬件。

A. CD-ROM、音频卡、Modem 和音箱

B. CD-ROM、音频卡、视频卡和音箱

C. Modem、音频卡、视频卡和音箱

D. CD-ROM、Modem、视频卡和音箱

35.用户所用的内存储器容量通常是指(　　)的容量。

A. ROM　　　　　　B. RAM　　　　　　C. ROM＋RAM　　　D. 硬盘

36.用 MIPS 为单位来衡量计算机的性能,它指的是计算机的(　　)。

A. 传输速率　　　　B. 存储器容量　　　C. 字长　　　　　　D. 运算速度

37.在微型计算机系统中要运行某一程序,如果所需内存储容量不够,可以通过(　　)的方法来解决。

A. 增加内存容量　　　　　　　　　　B. 增加硬盘容量

C. 采用光盘　　　　　　　　　　　　D. 采用高密度软盘

38.在外部设备中,扫描仪属于(　　)。

A. 输出设备　　　　B. 存储设备　　　　C. 输入设备　　　　D. 特殊设备

39.微型计算机的技术指标主要是指(　　)。

A. 所配备的系统软件的优劣

B. CPU 的主频和运算速度、字长、内存容量和存取速度

C.显示器的分辨率和打印机的配置

D.硬盘容量的大小

40.用 GHz 来衡量计算机的性能,它指的是(　　)。

A.CPU 的时钟主频　　　　　　　　　B.存储器容量

C.字长　　　　　　　　　　　　　　D.运算速度

41.操作系统是计算机系统中的(　　)。

A.主要硬件　　　　　　　　　　　　B.系统软件

C.外部设备　　　　　　　　　　　　D.广泛应用的软件

42.计算机的硬件主要包括中央处理器(CPU)、存储器、输出设备和(　　)。

A.键盘　　　　　　B.鼠标器　　　　　　C.输入设备　　　　　　D.显示器

43.下列各组设备中,全都属于输入设备的一组是(　　)。

A.键盘、磁盘和打印机　　　　　　　B.键盘、鼠标和显示器

C.键盘、扫描仪和鼠标　　　　　　　D.硬盘、打印机和键盘

44.下列存储器中,CPU 能直接访问的是(　　)。

A.硬盘存储器　　　　B.CD-ROM　　　　　C.内存储器　　　　　D.软盘存储器

45.微型计算机的性能主要取决于(　　)。

A.CPU 的性能　　　　　　　　　　　B.硬盘容量的大小

C.RAM 的存取速度　　　　　　　　　D.显示器的分辨率

46.下列叙述中,正确的是(　　)。

A.CPU 可以直接处理外部存储器中的数据

B.操作系统是计算机中使用最广的通用软件

C.CPU 可以直接处理内部存储器中的数据

D.汉字的机内码与汉字的国标码是一种代码的两种名称

模块二 Windows 7 操作系统

项目一 Windows 7 操作系统基本操作

项目分析

【项目说明及解决方案】

学习 Windows 7 操作系统,我们先从操作界面开始了解。主要需要熟悉的有任务栏、"开始"菜单以及控制面板中的各种项目的设置等内容。

【学习重点与难点】

- 了解 Windows 7 操作系统的任务栏和"开始"菜单
- 掌握控制面板中的一些项目的设置

项目实施

任务一 Windows 7 操作系统桌面

(1)按下计算机主机的开机按钮之后,计算机将进行开机自检,如果前一次使用计算机没有什么异常或者硬件没有什么故障的话,将会很快地进入到操作系统界面。如果设置了密码,则要正确输入密码后才能够进入。

(2)Windows 7 操作系统的桌面包括任务栏、桌面图标和 Windows 小工具等,与 Windows XP 操作系统相比并没有很大的变化。Windows 7 操作系统的任务栏在桌面的最下面,包括【开始】按钮、快速启动工具栏、中间部分和通知区域四部分,如图 2-1-1 所示。

图 2-1-1 Windows 7 操作系统任务栏

(3)首先单击"开始"菜单,在弹出的菜单中,我们可以找到已安装的程序,打开常用的文件夹,还可以在搜索栏中查找文件,关闭计算机或者切换至其他用户,如图 2-1-2 所示。

(4)在使用 Windows 7 操作系统时,如果某个程序需要经常使用,为了启动更加快捷,可以在任务栏中右击这个程序的图标,在弹出的快捷菜单中选择"将此程序锁定到任务栏"。如果要从"快速启动"工具栏中删除这个图标,再次右击该图标,在弹出的快捷菜单中选择"将此程序从任务栏解锁"即可,如图 2-1-3 所示。

图 2-1-2   "开始"菜单   图 2-1-3   将此程序从任务栏解锁

(5)任务栏的中间部分显示的是已经打开的文件、文件夹或程序。当打开多个任务时,相同类型程序的按钮将组合成一个,鼠标移动到这个程序图标时,则会看到这些程序的缩略图,如图 2-1-4 所示。

图 2-1-4   相同类型任务按钮组合

(6)有时,我们需要对任务栏和"开始"菜单做一些设置,可以右击任务栏,在弹出的快捷菜单中选择"属性",如图 2-1-5 所示。

图 2-1-5   修改任务栏属性

（7）在弹出的"任务栏和「开始」菜单属性"对话框中，选择"任务栏"或者"「开始」菜单"选项卡，则可以对它们进行设置，如图 2-1-6 所示。

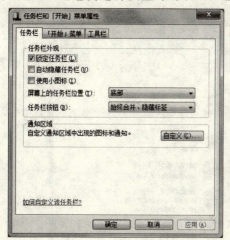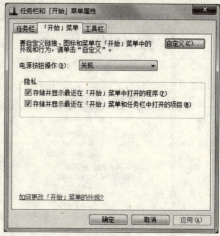

图 2-1-6 "任务栏和「开始」菜单属性"对话框

任务二 控制面板的项目设置

（1）用户可以通过控制面板查看并操作里面的基本系统设置和控制。打开"开始"菜单，在其中找到"控制面板"选项，如图 2-1-7 所示。

图 2-1-7 在"开始"菜单中找到"控制面板"

（2）在打开的"控制面板"窗口中，有"系统和安全""用户帐户和家庭安全""外观"和"程序"等我们常常会用到的设置，如图 2-1-8 所示。

图 2-1-8 "控制面板"窗口

（3）为了查看方便，也可以单击对话框右上角的"查看方式"下拉列表，选择"大图标"，则控制面板将细化成一个个小的选项列表，可以方便地查看我们所需要的设置，如图 2-1-9 所示。

图 2-1-9 大图标显示的控制面板

　　（4）如果要设置屏幕的分辨率，可以单击"控制面板"中"外观"类别中的"调整屏幕分辨率"选项，如图 2-1-10 所示，对屏幕分辨率进行设置。

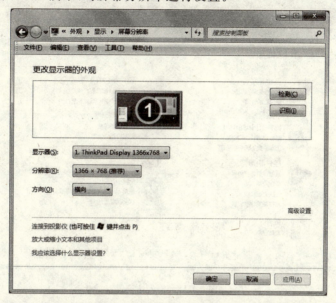

图 2-1-10　屏幕分辨率设置

　　（5）若要设置桌面背景效果，则可以单击"控制面板"中"外观"类别中的"更改桌面背景"选项，在弹出的"选择桌面背景"对话框中选择需要作为背景的图片位置即可，如图 2-1-11 所示。

图 2-1-11　"选择桌面背景"对话框

　　（6）在使用计算机时，我们会根据个人习惯选择输入法来提高打字效率。从网络上下载并安装好需要的输入法后，有时候需要对输入法进行简单的设置。单击"控制面板"中

"时钟、语言和区域"类别中的"更改键盘或其他输入法"选项,如图 2-1-12 所示。

图 2-1-12　输入法设置

（7）在打开的"区域和语言"对话框中,选择"键盘和语言"选项卡,单击【更改键盘】按钮,弹出"文本服务和输入语言"对话框,单击【添加】按钮,选择需要的输入法后确定。对于不需要的输入法,选中后单击【删除】按钮即可,如图 2-1-13 所示。

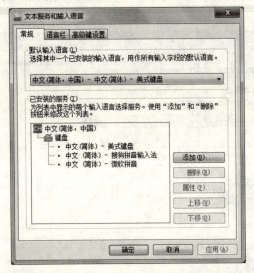

图 2-1-13　"文本服务和输入语言"对话框

项目总结

计算机操作系统是人与计算机交互的平台,熟练地掌握系统的基本操作以及各项设置,可以帮我们更好地运行和管理计算机。任务栏、"开始"菜单和控制面板是需要掌握的基本操作部分。

拓展延伸

操作系统

操作系统,简称 OS(Operating System),是对计算机硬件资源进行统一的管理和控制,给用户提供一个友好的人机交互的操作平台,是计算机能够正常使用的基础。在过去的 20 年,计算机使用的 DOS 操作系统是单用户单任务的。现如今,随着科学技术的发展,Windows 7 操作系统成为现阶段计算机操作系统的主流,而具有革命性变化的 Windows 8 操作系统也慢慢地进入了普通家庭之中,其先进、触摸式的操作方式更多地应用到平板电脑等设备中。

图 2-1-14 Windows 8 操作界面

其实,除了家用计算机常用的 Windows 7 和 Windows 8 等桌面操作系统之外,在智能手机上也常常安装了 Android 和 iOS 等操作系统,安装在大型计算机上的作为服务器操作系统的 UNIX 和 Linux 等都是比较常见的操作系统。

自我练习

尝试设计个性化的操作系统桌面,主要有桌面背景、Windows 小工具、桌面快捷图标的摆放和任务栏中快速启动栏的选择等。

项目二 文件操作与磁盘管理

项目分析

【项目说明及解决方案】

Windows 7 操作系统与前面的 XP 系列相比,在文件管理窗口上有了改进,可以更加方便地对文件及文件夹进行复制、粘贴、移动、搜索和删除等管理。

本项目通过打开资源管理器，查看和搜索磁盘中的文件及文件夹，介绍文件与文件夹的基本操作以及属性设置等内容。

【学习重点与难点】
- Windows 7 操作系统的基本操作
- 文件与文件夹的属性设置

项目实施

任务一　Windows 7 资源管理器

资源管理器是 Windows 系列操作系统提供的一种用于管理文件的工具。在资源管理器中可以显示文件夹的结构、文件的名称以及文件的详细信息。

操作步骤如下：

(1)Windows 7 操作系统的资源管理器可以通过右击"开始"按钮，在弹出的快捷菜单中选择"打开 Windows 资源管理器"命令，如图 2-2-1 所示。

图 2-2-1　打开资源管理器

(2)在弹出的"资源管理器"窗口中，地址栏由黑色的向右三角箭头分隔每一个文件夹。同时区别于 Windows XP 等操作系统，Windows 7 出现了"库"的概念，可以分类存放视频、文档、图片和音乐等资源，如图 2-2-2 所示。

图 2-2-2　查看"库"

(3)在计算机的使用过程中，我们常常需要搜索一些文件，只要知道文件存储的文件夹位置以及大概的文件名,就可以快速地搜索到该文件。打开"资源管理器"窗口,选择"库"下面的"视频"文件夹,在窗口右上角的搜索栏中输入"霍比特人",即可进行文件搜索,如图 2-2-3 所示。

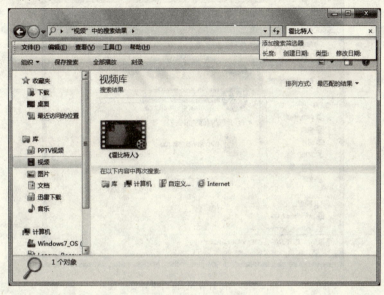

图 2-2-3　搜索文件

(4)除了可以打开资源管理器查看磁盘文件之外,还可以通过"计算机"管理磁盘空间。单击"开始"菜单中的"计算机"选项,如图 2-2-4 所示。

图 2-2-4　打开"计算机"

（5）在"计算机"窗口中显示了计算机中的所有硬盘资料，如图 2-2-5 所示。

图 2-2-5　在"计算机"窗口中查看磁盘

（6）双击硬盘中的"Windows7_OS(C:)"系统盘，在弹出的窗口中显示 C 盘根目录下的文件和文件夹，如图 2-2-6 所示。

图 2-2-6　查看系统根目录下的文件

（7）单击左上角的"返回"按钮，返回到上一级目录。右击"Windows7_OS(C:)"，在弹出的快捷菜单中选择"属性"选项，查看"Windows7_OS(C:)"盘的属性，如图 2-2-7 所示。

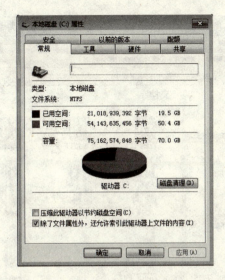

图 2-2-7　查看系统盘的属性

任务二　文件与文件夹的管理

本任务对磁盘中的文件与文件夹进行管理,包括新建、复制、粘贴、移动、删除和还原等操作。

操作步骤如下:

(1)计算机中存放的文件数量很多,为了更好地管理和存储这些文件,可以创建不同的文件夹来放置不同类型的文件。打开需要新建文件夹的位置,单击"文件"菜单下"新建"中的"文件夹"选项,然后将文件夹重命名为"电驴",如图 2-2-8 和图 2-2-9 所示。

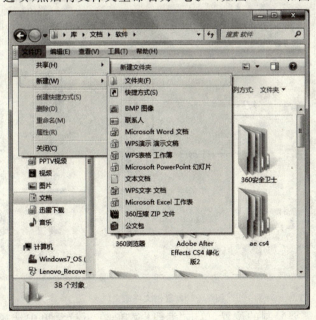

图 2-2-8　新建文件夹

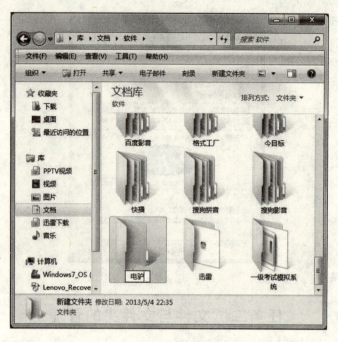

图 2-2-9　文件夹重命名

　　（2）复制文件或文件夹是指在保留原有文件或文件夹的情况下，在其他位置再复制一份完全一样的内容。复制文件或文件夹的方法是先选中此文件或文件夹，单击"编辑"菜单，在下拉菜单中选择"复制"命令，如图 2-2-10 所示。

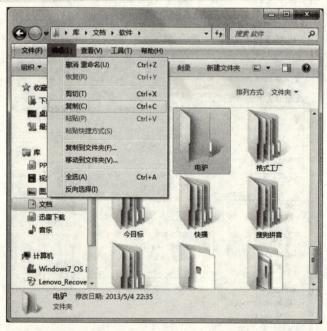

图 2-2-10　复制文件或文件夹

　　（3）然后打开需要复制的位置，单击"编辑"菜单，在下拉菜单中选择"粘贴"命令即可将文件或文件夹粘贴至此处，如图 2-2-11 所示。

图 2-2-11　粘贴文件或文件夹

(4)也可按下"Ctrl＋C"快捷键复制文件或文件夹,然后按下"Ctrl＋V"快捷键粘贴文件或文件夹。

(5)移动文件或文件夹,可以选中此文件或文件夹,然后单击"编辑"菜单,在下拉菜单中选择"移动到文件夹"命令,如图 2-2-12 所示。

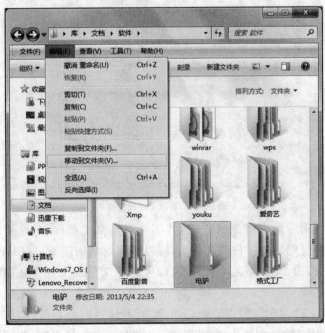

图 2-2-12　移动文件或文件夹

（6）在弹出的"移动项目"对话框中，选择文件或文件夹要移动到的位置，单击【移动】按钮即可，如图 2-2-13 所示。

图 2-2-13 "移动项目"对话框

（7）若要删除文件或文件夹，可以先选中它，再按键盘上的 Delete 键，在弹出的"删除文件夹"对话框中单击【是】按钮就可以完成该文件或文件夹的删除，如图 2-2-14 所示。

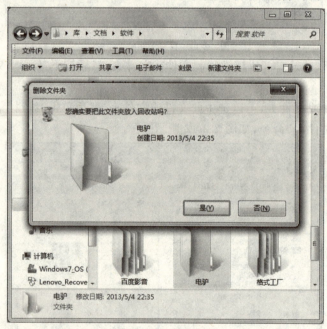

图 2-2-14 删除文件或文件夹

（8）步骤（7）中删除的文件或文件夹，其实并没有真正删除，只是暂时存放在回收站中。如果想再次恢复删除的文件或文件夹，可以到回收站中还原。打开回收站，选中要恢复的文件或文件夹，单击【还原此项目】按钮即可将该文件或文件夹还原到原来存放的位置，如图 2-2-15 所示。

（9）如果有些文件在删除时需要彻底删除，而不经过回收站暂存，那么可以按键盘上的"Shift＋Delete"快捷键，在弹出的"删除文件夹"对话框中单击【是】按钮，则此文件或文件夹将被彻底删除，不能恢复，如图 2-2-16 所示。

图 2-2-15 还原文件或文件夹

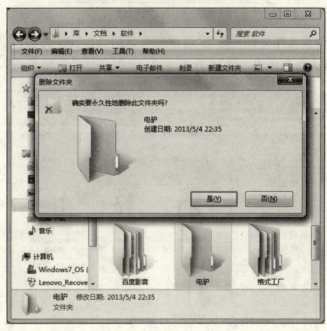

图 2-2-16 彻底删除文件或文件夹

任务三 文件与文件夹的隐藏

不想被他人查看或操作的文件或文件夹,可以通过修改这些文件或文件夹的属性,将其设置为隐藏。

操作步骤如下:

(1)平时在使用计算机时,常常有些文件或文件夹比较重要,需要暂时隐藏起来。可以右击这些文件或文件夹,在弹出的快捷菜单中选择"属性"命令。然后在弹出的对话框中勾选其中的"隐藏"复选框,单击【确定】按钮即可,如图 2-2-17 所示。

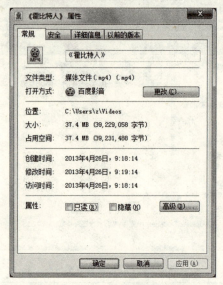

图 2-2-17　设置文件或文件夹隐藏属性

(2)此时,文件或文件夹已被隐藏,若要把隐藏的文件或文件夹显示出来,可以单击"工具"菜单栏,在下拉菜单中选择"文件夹选项"命令,如图 2-2-18 所示。

图 2-2-18　设置文件或文件夹显示属性

(3)在弹出的"文件夹选项"对话框中,选择"查看"选项卡,在"高级设置"中选中"显示隐藏的文件、文件夹和驱动器"选项,最后单击【确定】按钮即可,如图 2-2-19 所示。

(4)如果文件或文件夹以一种半透明的效果显示,则表示此文件或文件夹设置了隐藏属性,如图 2-2-20 所示。

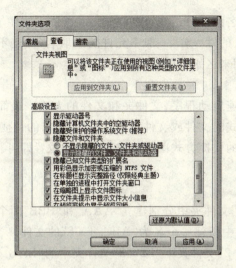

图 2-2-19　显示隐藏的文件或文件夹

图 2-2-20　隐藏文件或文件夹半透明显示

项目总结

　　操作系统中,文件或文件夹的新建、复制、粘贴、移动和删除等命令是最常用、最基本的操作,也是计算机等级考试中操作系统部分考核的主要内容。通过资源管理器可以查看和搜索文件或文件夹内容,为了起到保护的作用还可以设置其隐藏属性。

拓展延伸

1. 文件和文件夹命名规则

　　在 Windows 7 操作系统中,文件或文件夹的名字最多可以有 255 个字符。其中,文件名由主文件名和扩展名两部分组成,中间用"."符号隔开。主文件名可以根据用户的喜好取名,而扩展名如同人的姓一样,一般不允许随意取名,并且不同的扩展名在计算机中显示的图标也不一样,用来区别不同类型的文件。

2.快捷方式的创建

快捷方式是一种快速启动程序、文件夹和文件的方法。最简单的快捷方式的创建就是选中需要创建快捷方式的文件或文件夹后右击,在弹出的快捷菜单中选择"创建快捷方式"选项,然后把创建好的快捷方式图标拖放到需要的位置即可。

自我练习

1.在"教材素材 2-2"文件夹中分别建立"AAA"和"BBB"两个文件夹。

2.在"AAA"文件夹中新建一个名为"ABC.TXT"的文件。

3.删除"教材素材 2-2"文件夹下"B2008"文件夹中的"LAG.TXT"文件。

4.为"教材素材 2-2"文件夹下的"TOU"文件夹建立一个名为"TOUB"的快捷方式,存放在"教材素材 2-2"文件夹下的"AAA"文件夹中。

5.搜索"教材素材 2-2"文件夹下的"HU.C"文件,然后将其复制到"教材素材 2-2"文件夹下的"BBB"文件夹中。

模块三　Word 2010 文档操作

项目一　制作"低碳"主题海报设计比赛策划书

项目分析

【项目说明及解决方案】

制作项目策划书是任何单位或公司中都经常涉及的一项工作。如何使用 Word 制作漂亮、完美的项目策划书呢？我们需要掌握 Word 2010 的打开、保存、关闭、文字录入、页面设置、自选图形的插入以及表格等功能来综合实现。

在制作项目策划书时首先要学会 Word 2010 办公软件的打开方式，包括一般方式和快捷方式。打开建立好的项目策划书文档后，通过 Word 2010 的几种保存方法进行保存，在编辑过程中还可以使用快捷键方式随时保存。随后我们通过菜单栏对项目策划书中所需的字体格式以及段落格式进行设置，并对项目策划书中的项目案例描述部分通过"项目符号和编号"功能实现自动编号的添加。项目组织结构图通过插入自选图形中的流程图来具体实现。

【学习重点与难点】

- 掌握 Word 2010 的打开、编辑、保存和关闭的方法
- 掌握字体和段落的设置
- 掌握如何使用格式刷快捷设置格式
- 掌握如何在文档中插入符号

项目实施

任务一　新建项目策划书文档

每个 Word 文档的建立必须经过新建和保存的过程。通过本任务的实现，大家能够了解 Word 2010 文档的建立和保存的方法。

操作步骤如下：

（1）从"开始"菜单中启动 Word 2010 程序。程序启动后将自动建立一个名为"文档 1"的新文档。

（2）我们也可以通过直接双击已经存在的 Word 文档来打开 Word 2010 程序，此时打

开的是已经存在的 Word 文档。然后通过单击"文件"选项卡,如图 3-1-1 所示,选择"新建"命令新建一个 Word 文档。

（3）Word 2010 为保存文档提供了多种途径和方法,除了使用快捷键"Ctrl＋S"以外,还可以通过快速访问工具栏中的"🖫"图标来实现,或者通过"文件"选项卡中的"保存"命令来实现。

（4）启动保存命令后,会弹出"另存为"对话框,如图 3-1-2 所示。

图 3-1-1　Word 2010"文件"选项卡　　　　图 3-1-2　"另存为"对话框

（5）首先在"文件名"文本框中输入文件的名字"低碳海报设计比赛策划书",并在"保存类型"下拉列表框中选择"Word 文档（＊.docx）"选项。Word 2010 文档的扩展名为.docx。随后选择相应的存储位置,例如,本文档打算存储在 D 盘的"计算机基础"文件夹中,则在左侧选择"计算机",在对话框右侧列出本机所有的磁盘,如图 3-1-3 所示。

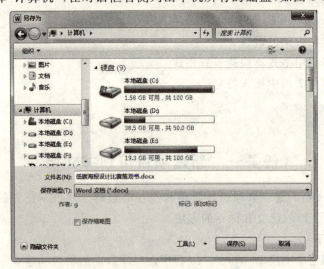

图 3-1-3　显示"计算机"中所有磁盘

（6）将保存位置选择为"D:\计算机基础"路径后,单击【保存】按钮,实现文件的保存。

(7)已保存过的文档若要重新存储可以单击"文件"选项卡中的"另存为"命令。也会弹出如图 3-1-2 所示的对话框,如上操作即可。

任务二　项目策划书的输入

在创建本文档后,如何在关闭的情况下重新打开呢? 打开之后进行文字录入的过程我们需要掌握哪些要点? 并且会遇到哪些问题以及如何解决呢? 这是我们在本任务中需要解决的问题。

操作步骤如下:

(1)打开"低碳海报设计比赛策划书"文档。或在打开 Word 2010 应用程序后,单击"文件"选项卡,然后选择"打开"命令,弹出"打开"对话框,如图 3-1-4 所示。

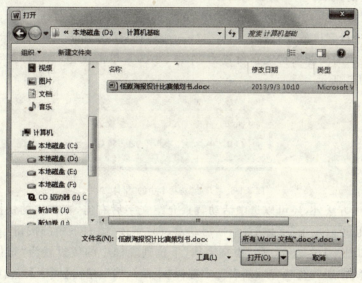

图 3-1-4　"打开"对话框

(2)通过"查找范围"下拉列表框实现文件存储位置的查找,本文档存储在"D:\计算机基础"目录下,通过左侧菜单项进行查找。打开文档后,即对文档内容按照要求进行相应输入。在输入过程中我们需要掌握三点:①选定操作,可用按住鼠标左键并拖动鼠标的方式选中一个或多个文字;②删除操作,选中相应文本后,按下键盘上的 Delete 键即可;③插入文本操作,将光标定位在需要插入内容的位置,然后输入插入的文本即可。

(3)若要实现文档内容的移动,首先选中要移动的文字内容,然后单击"开始"选项卡中的剪切按钮" "(或使用快捷键"Ctrl+X"),将鼠标移动到文本移动的目标处单击,然后单击"开始"选项卡中的粘贴按钮" "进行粘贴(或使用快捷键"Ctrl+V"),实现文字内容的移动。

(4)若要复制文档中的文字信息,则选中需要复制的文本后单击"开始"选项卡中的复制按钮" "(或使用快捷键"Ctrl+C",此时选中的文字将自动添加到剪贴板中),然后将光标移动到复制内容的目标处进行粘贴,实现文字的复制功能。

（5）撤销与重复操作。当操作失误时，可以通过"撤销"命令，即快速访问工具栏上的"⤺"命令（也可以使用快捷键"Ctrl＋Z"），取消最近的一次或几次操作。

若想取消撤销操作，可以使用快速访问工具栏上的"↻"命令来实现。

任务三　修改项目策划书的格式

录入活动背景介绍文字后，将每个项目标题使用"宋体（中文正文）、小四、加粗"修饰，再通过使用"宋体（中文正文）、小四、首行缩进2个字符，段前0行，段后0.5行"的方式实现本次活动的介绍，并学会灵活使用格式刷来更有效地设置。学会用有序的符号列表显示活动的安排，以及无序列表展示活动奖项。最后插入特殊符号再一次强调本活动的目的及预期达到的效果。

操作步骤如下：

（1）首先进行字体的设置。选中文字"一、活动背景"后，可以使用"开始"选项卡中的"字体"组中提供的功能来将文字设置为"宋体、小四"，单击按钮"**B**"将文字字形设置为加粗，如图3-1-5所示。

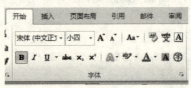

图3-1-5　"开始"选项卡中的"字体"组

（2）除上述方法外，还可以选中活动背景介绍文字后右击，在弹出的快捷菜单中选择"字体"命令，也可以单击"字体"对话框启动器（即"字体"组右下角的按钮"�"），打开"字体"对话框，如图3-1-6所示。将"中文字体"下拉列表框中的值设置为"宋体"，在"字形"列表框中选择"常规"，在"字号"列表框中选择"小四"，然后单击【确定】按钮即可。

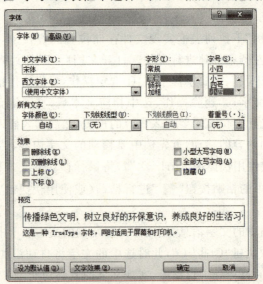

图3-1-6　"字体"对话框

　　(3)段落格式化的设置。同时选中"一、活动背景"以及活动背景介绍文字,单击"开始"选项卡中的"段落"组(如图 3-1-7 所示)右下角的对话框启动器,弹出"段落"对话框,如图 3-1-8 所示。

图 3-1-7　"开始"选项卡中的"段落"组

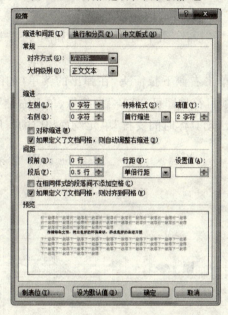

图 3-1-8　"段落"对话框

　　在"段落"对话框中,"对齐方式"设置为"左对齐","段前"设置为"0 行","段后"设置为"0.5 行"。然后单击【确定】按钮。

　　再次选中背景介绍相关文字段落,用同样的方式打开"段落"对话框后将"特殊格式"设置为"首行缩进",并将"磅值"设置为"2 字符",如图 3-1-9 所示。

图 3-1-9　"段落"对话框中"特殊格式"的设置

　　特殊格式有两种值,一种是首行缩进,是指每段第一行向右缩进"磅值"中定义的距离。另一种是悬挂缩进,是指除首行外,段落中的其他行向右缩进"磅值"中定义的距离。悬挂缩进的文字效果如图 3-1-10 所示。

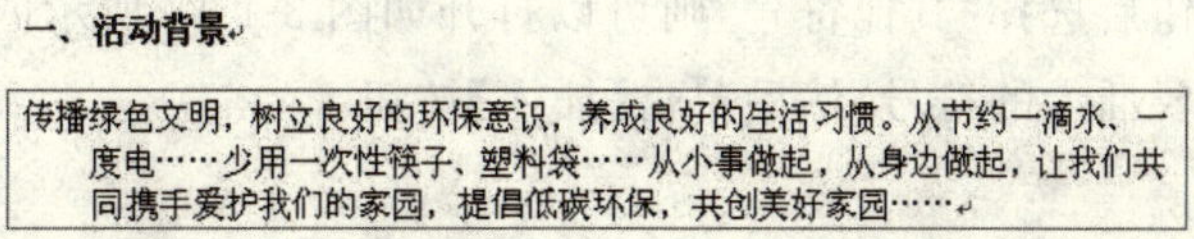

一、活动背景

传播绿色文明,树立良好的环保意识,养成良好的生活习惯。从节约一滴水、一度电……少用一次性筷子、塑料袋……从小事做起,从身边做起,让我们共同携手爱护我们的家园,提倡低碳环保,共创美好家园……

图 3-1-10　悬挂缩进的效果图

(4)格式刷的使用。设置完第一段后,我们可以直接使用格式刷,将第2段和第3段文字刷成已经设置好的格式。具体操作方法是,首先选中"一、活动背景",然后单击"开始"选项卡中"剪贴板"组中的格式刷按钮"❖",此时鼠标显示形式会变成格式刷,然后在需要同样格式的文字"二、活动目的"上按住鼠标左键拖动即可。依此类推,完成整篇文档格式的设置。

(5)项目符号和编号的设置。编号列表经常用于阅读的内容或要点的索引,而项目符号则用于顺序阅读的内容或要点中,目的都是强调文字内容,用来引起读者注意。

①选中要设置项目符号和编号的段落。

②选择"开始"选项卡中"段落"组中的"项目符号和编号"按钮"☰·☰·"中的功能进行设置。

③"☰"为项目符号,单击右侧下拉箭头,在弹出的菜单(如图3-1-11所示)中为"五、活动奖项"单元设置相应项目符号即可;"☰·"为编号,单击右侧下拉箭头,在弹出的菜单(如图3-1-12所示)中为"活动具体时间安排"单元设置相应的有序项目编号。

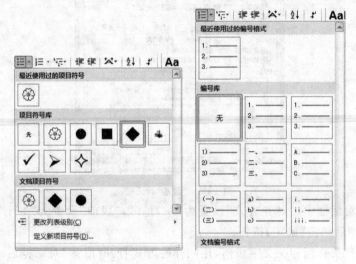

图 3-1-11　项目符号和编号列表

(6)最后,活动预期中的特殊符号的插入是通过"插入"选项卡中的"符号"组来实现的,如图3-1-12所示。

图 3-1-12　"插入"选项卡中的"符号"组

单击"符号"按钮后选择"其他符号"则可以打开如图3-1-13所示的"符号"对话框,在此对话框中选择需要插入的符号,然后单击【插入】按钮。

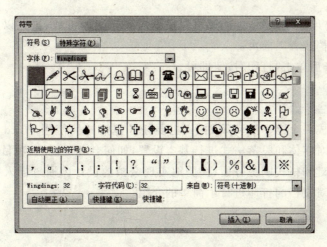

图 3-1-13 "符号"对话框

任务四 打印项目策划书

制作出策划书的文档后,为了使更多的人能直观地阅读,可以将该文档保存在其移动存储器中,或者上传到网络中,但更常用的方式是将其打印出来。

操作步骤如下:

(1)选择"文件"选项卡中的"打印"命令,如图 3-1-14 所示。

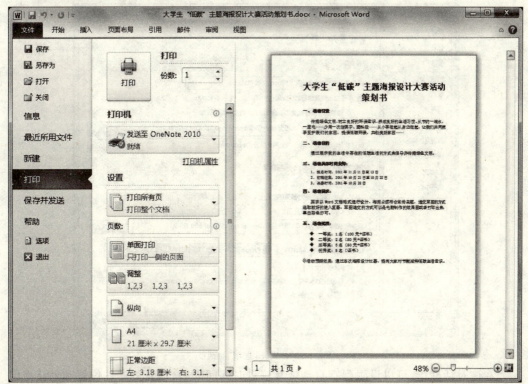

图 3-1-14 "文件"选项卡中的"打印"命令

（2）右侧是打印预览效果，中间则可以设置需要打印的份数、页数以及边距。还可以选择打印整个文档或者当前页。

（3）设置完毕后单击"打印"按钮即可。

项目总结

本项目是完成一个比赛活动策划书，主要任务包括如何使用 Word 2010 打开、编辑和保存文档。并对字体和段落格式进行基本设置，如何合理地使用"项目符号和编号"，以及如何利用快捷键和格式刷更方便、快捷地实现文档的设计。通过插入符号的方式初步美化文档。最后对文档的打印进行了简单的介绍。

拓展延伸

1. 修改文档默认的保存位置

Word 保存位置是个小问题，但很多时候却需要我们花费额外的时间去修改。可以将常用的保存文档的目录设置为默认的保存目录，每次打开和保存文档时，系统会自动定位到该目录下。

一般而言，默认的打开与保存文档位置是"我的文档"文件夹。我们可以根据需要，自行设定打开与保存文档的位置。设置方法为：选择"文件"选项卡中的"选项"命令，弹出如图 3-1-15 所示的"Word 选项"对话框，单击选择"保存"选项卡。

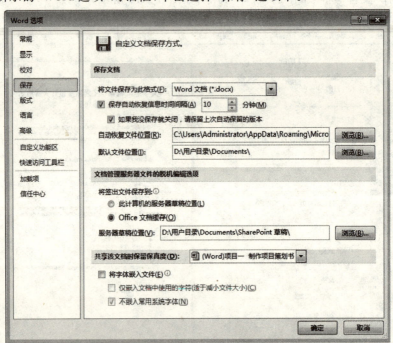

图 3-1-15 "Word 选项"对话框

在该对话框中，可以设置保存自动恢复信息时间间隔、自动恢复文件位置和默认文件位置。而修改默认保存路径只需要将"默认文件位置"的文本框中的内容通过单击右侧的

【浏览】按钮重新设置为需要的位置即可。

2. 特殊字符的插入

对于特殊字符,如®和§等符号,我们可以使用快捷键来快速插入。在"符号"对话框中选择"特殊字符"选项卡,则显示如图 3-1-16 所示的特殊字符快捷键列表。

图 3-1-16　特殊字符快捷键列表

我们还可以对特殊字符的样式进行更改,或者按照我们的使用习惯对其快捷键重新设置。

自我练习

创建如图 3-1-17 所示的"全自动滚筒洗衣机的项目策划书",并保存至"D:\计算机基础"文件夹下。其中,标题使用"标题二"格式;"案例问题"内容使用项目符号和编号做强调。

全自动滚筒洗衣机的项目策划书

案例介绍(项目背景)

某电器制造厂是一家国有大中型企业,一直采用职能管理的形式。主要的职能部门有技术开发部、生产制造部、采购部、质量部、经营计划部、市场部、财务部、人力资源部等。其主要的拳头产品是各种类型的洗衣机产品,由于多年来企业一直来能进行有效的技术革新,所生产的洗衣机一直为普通洗衣机,而普通洗衣机市场竞争激烈,加之市场的疲软导致企业效益持续下滑,经过市场人员的初步调查分析,发现消费者对于新款全自动滚筒洗衣机市场需求旺盛。

企业领导人经过研究,决定开发市场前景较好的"全自动滚筒洗衣机产品",由于滚筒洗衣机的生产面临许多新的技术,特别是电动机的研究与试验、电脑控制系统的研究与试验是滚筒洗衣机成功开发的关键,该项目经过调查研究需投入开发资金 600 万元,计划研制时间为 2006 年 1 月 1 日至 2006 年 6 月 30 日。

案例目的

根据这一案例,对综合应用项目管理中范围管理、组织结构、时间管理、资源规划、成本管理、风险管理进行分析。

案例问题

- ✓ 根据项目实施背景,对项目实施的总目标进行描述。
- ✓ 为企业实施该新款"全自动滚筒洗衣机研制项目"设计一个合理的组织管理机构,你认为应该采用怎样的组织结构类型?为什么?
- ✓ 针对项目的目标要求,初步拟定该项目的重大里程碑计划,制作该项目实施的反映重大里程碑事件关系的里程碑计划图。
- ✓ 针对项目的实施要求及重大里程碑事件,并用工作分解结构图(WBS)进行表达。
- ✓ 建立责任分配矩阵。
- ✓ 针对项目的 WBS 结构制定项目的人力与资源使用计划。
- ✓ 分析项目各项工作之间的先后关系,估计项目各工作的执行时间,并编制项目的计划,项目计划以网络图或甘特图的形式表示,确定项目的关键工作。
- ✓ 针对项目总投资结合 WBS 及人力资源使用计划进行项目费用的估算与预算,制定项目的进度与费用控制计划。
- ✓ 分析项目实施过程中可能遇到的实施风险,并提出应对计划。
- ✓ 描述项目的进度管理过程,怎样报告项目进展状态。

案例分析

1. 项目总目标的确定

该项目的实施,主要是为了解决企业面临的普通洗衣机市场疲软,从而导致企业效益持续下滑的问题。企业通过调查分析认为在新款全自动滚筒洗衣机方面有一定的市场机会,而企业自身作为国有大中型家电企业,人才储备较为丰富,技术力量雄厚,为此选择开发新型全自动滚筒洗衣机具有很大的优势。通过可行性分析企

图 3-1-17　全自动滚筒洗衣机的项目策划书

项目二　制作"低碳"主题海报

项目分析

【项目说明及解决方案】

多媒体班级成员积极参加"低碳"主题海报设计大赛,海报内容要求积极向上,此外,可以通过插入文本框、艺术字以及图片等图文混排的方式美化海报,增强视觉效果。

在海报的制作中,首先进行版面设计。版面设计的要点是"规划",包括页面尺寸和图文混排等。其次,海报的名字可以使用艺术字来吸引同学们的眼球。对于海报内容,如参加人的姓名、所属系部以及本人是如何在生活中体现低碳生活的等,可以使用各种字体格式,如斜体、大写和下划线等,以及使用文本框对不同部分内容进行区分。还可以在文字中插入图片,并进行相应调整,达到更好的视觉效果。

"低碳"主题海报案例如图 3-2-1 所示。

图 3-2-1　案例样式

【学习重点与难点】

* 页面设置
* 文本框的使用与美化
* 艺术字的编辑与插入
* 分栏
* 图文混排

项目实施

任务一 海报页面设置

通过页面设置功能设计海报的尺寸、页边距和页面方向等参数,为海报的视觉效果打下牢固的根基。

操作步骤如下:

(1)启动 Word 2010 程序,并建立名为"低碳海报"的文档。

(2)首先确定纸张大小为"A4"。Word 默认纸张大小为"A4",也可以选择不同的纸型,或者自定义大小。

(3)单击"页面布局"选项卡,如图 3-2-2 所示。该选项卡中的各功能组主要实现页面布局相关功能。

图 3-2-2 "页面布局"选项卡

(4)单击"页面设置"组中的"文字方向"按钮,如图 3-2-3 所示,可以设置文档中文字的方向,如水平方向和垂直方向等,本案例选择水平方向。

(5)单击"页面设置"组中的"页边距"按钮可以设置页边距。Word 应用程序提供了若干种常用的边距方式,如图 3-2-4 所示。

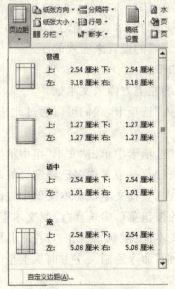

图 3-2-3 "文字方向"按钮菜单   图 3-2-4 "页边距"按钮菜单

我们也可以单击"自定义边距",在弹出的"页面设置"对话框中自定义页边距,本案例自定义上边距和下边距为 2.5 厘米,左边距和右边距为 2 厘米,如图 3-2-5 所示。

(6)单击"页面设置"组中的"纸张方向"按钮,在弹出的菜单中选择"纵向"。如图 3-2-6 所示。

(7)单击"页面设置"组中的"纸张大小"按钮,在弹出的菜单中选择"A4(21×29.7 cm)"。如图 3-2-7 所示。除了 A4 以外我们也可以选择 16 开、A3 和 B5 等其他纸型。

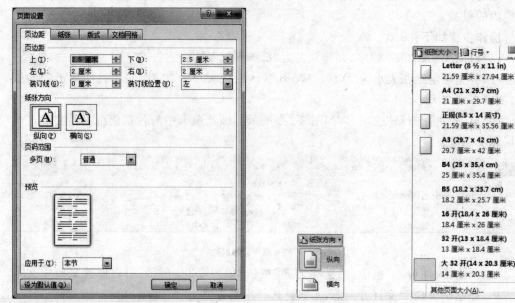

图 3-2-5 "页面设置"对话框　图 3-2-6 "纸张方向"按钮菜单 图 3-2-7 "纸张大小"按钮菜单

任务二　海报开头部分的艺术效果实现

海报开头部分的艺术效果是用文本框和艺术字共同实现的。右边的文字信息是通过字体、段落及下划线的设置来实现的。

操作步骤如下:

(1)在文档的左上方插入文本框。

①选择"插入"选项卡,我们可以通过此选项卡实现表格、图形、超链接、文本以及特殊符号的插入。

②在"插入"选项卡中单击"文本"组中的"文本框"按钮。如图 3-2-8 所示。

"文本框"按钮菜单中有许多已经定义好基本格式的模板。我们也可以选择绘制普通水平方向文本框或竖排文本框。本案例中先绘制竖排文本框。

③在弹出的按钮菜单中选择"绘制文本框"命令后,在文档中使用按住鼠标左键拖曳的方式绘制出文本框(默认情况下文字是水平方向的)。也可以通过在按钮菜单中选择"绘制竖排文本框"命令绘制文字方向从上至下的文本框。

(2)插入艺术字。

①单击"插入"选项卡中的"文本"组中"艺术字"按钮,弹出如图 3-2-9 所示菜单。

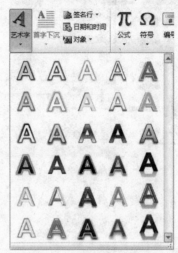

图 3-2-8　"文本框"按钮菜单　　　　　　　　　图 3-2-9　"艺术字"按钮菜单

②选择相应的艺术字类型后选中"低碳"两个字,通过弹出的字体设置框将其设置为"宋体、48",如图 3-2-10 所示。

图 3-2-10　设置艺术字的字体和字号

我们可以通过弹出的字体设置框设置艺术字的字体、字号、加粗、倾斜、下划线和颜色等多种格式。

③在选中艺术字后,菜单栏会变成如图 3-2-11 所示的艺术字格式修改菜单栏。

图 3-2-11　艺术字格式修改菜单栏

(3)然后单击"艺术字样式"组中的"文本效果"按钮,从弹出的菜单中选择相应的效果,如图 3-2-12 所示。

(4)我们还可以单击"阴影"菜单下的"阴影选项"对阴影的各种显示形式进行设置,弹出如图 3-2-13 所示的"设置文本效果格式"对话框,选择"阴影"选项卡,右侧则显示阴影的设置项目,将角度设置为"138°",距离设置为"8 磅",然后单击【关闭】按钮即可。

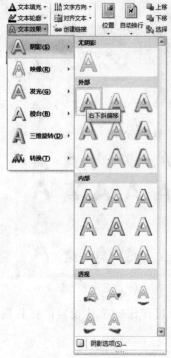

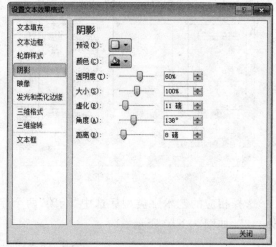

图 3-2-12 "阴影"菜单选项   图 3-2-13 "设置文本效果格式"对话框

在此对话框中,我们可以在"文本填充"选项卡中设置文本颜色,在"文本边框"选项卡中设置边框颜色,还可以设置文本的三维格式以及三维旋转等。

(5)将文本框设置为无边框。具体实现步骤是,选中文本框边框后右击,在弹出的如图 3-2-14 所示的菜单中选择"设置形状格式"命令,弹出如图 3-2-15 所示的"设置形状格式"对话框。

图 3-2-14 右击文本框边框后弹出的菜单项   图 3-2-15 "设置形状格式"对话框

　　对话框左侧是文本框可设置的所有格式,在此案例中,我们只需要选择"线条颜色"选项卡后选中"无线条"单选按钮即可。

　　(6)在文本右侧以同样的方式添加文本框,并输入相应文字。将"主办""系部""专业""编辑"项设置为宋体、小四,并在"开始"选项卡中的"字体"组中单击"U▾"下拉按钮,弹出如图 3-2-16 所示菜单,选择"波浪线"。再次单击该下拉按钮,选择"下划线颜色"命令,在如图 3-2-17 所示菜单中选择下划线颜色。

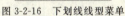
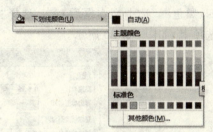

图 3-2-16　下划线线型菜单　　　　图 3-2-17　下划线颜色选择菜单

　　(7)随后重复步骤(5)即可将此部分文本框设置为无边框。

任务三　海报内容的制作

　　海报内容同样使用文本框进行分布,然后输入相应文字并设置字体格式,通过对文本框边框以及填充色的设置达到美化的效果。第二页"最珍贵的礼物"使用"分栏"功能实现分栏效果,并插入图片,选择相应图文混排格式进行页面的美化。

　　操作步骤如下:

　　(1)首先在合适的位置插入文本框,将第一张海报的三个位置如图 3-2-18 所示进行排版。插入文本框的方式请参照任务二中的步骤(1)(选择"绘制文本框",创建水平方向的文本框即可)。

图 3-2-18　文档排版

　　（2）在第一个文本框中输入相应文字，选中标题"我的低碳小故事"后弹出字体设置框，如图 3-2-19 所示，将字体设置为"宋体、三号"，单击加粗按钮"**B**"将字体加粗，并单击居中按钮"■"，实现标题文字相对于 1 号文本框居中。

图 3-2-19　字体设置框

　　故事内容字体设置为"楷体_GB2312、小四、黑色"。边框线条设置为"无线条"。

　　（3）文本框 2 中输入文字后，标题字体设置为"宋体、四号、红色"，正文内容字体设置为"宋体、小四、黑色"。选中文本框后右击，选择"设置形状格式"命令，在弹出的对话框中选择"线型"选项卡，如图 3-2-20 所示。

图 3-2-20　"设置形状格式"对话框的"线型"选项卡

　　"线型"选项卡中可以设置线条的宽度、复合类型、短划线类型、线端类型和联接类型等，此处单击"短划线类型"下拉按钮，弹出如图 3-2-21 所示菜单，从中选择第三种虚线类型。

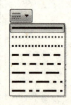

图 3-2-21　"短划线类型"菜单

　　单击"线条颜色"选项卡中的"颜色"下拉菜单中的"橙色"，为线条设置颜色，如图 3-2-22 所示。

　　（4）然后选择"填充"选项卡，如图 3-2-23 所示，用同样的方法将"颜色"设置为"黄色"。

　　我们也可以为文本框中的内容选择"渐变填充"效果，如图 3-2-24 所示。

　　我们通过调节渐变光圈后选择某个颜色（颜色中的"其他颜色"显示更多色彩值）来进行文档的美化，配合合适的亮度、透明度可以实现如图 3-2-25 所示的样式。

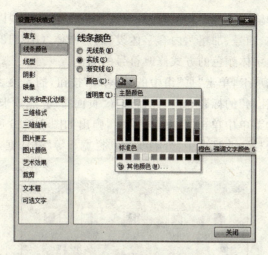

图 3-2-22　"线条颜色"选项卡

图 3-2-23　在"填充"选项卡中设置纯色填充

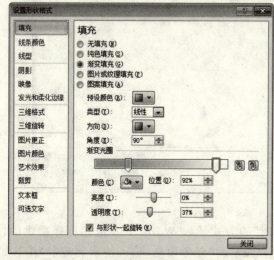

图 3-2-24　在"填充"选项卡中设置渐变填充

图 3-2-25　完成后样式

（5）在文本框 3 中输入相应文字信息，并对文本框的边框线型以及颜色做适当设置。标题字体设置为"宋体、四号、加粗"，内容字体设置为"楷体_GB2312、小四"。在标题前插入符号，并可通过修改字体颜色的方式修改符号的颜色。

（6）选择"插入"选项卡，单击"页"组中的" 空白页 "按钮，插入第二页空白页。

（7）输入"最珍贵礼物"的标题和内容后，选择"页面布局"选项卡中"页面设置"组中的"分栏"按钮，在弹出的菜单中单击"更多分栏"后，弹出如图 3-2-26 所示的"分栏"对话框，然后设置文档分为"两栏"，并且选中"分隔线"和"栏宽相等"复选框，间距设置为"2.02 字符"，即可完成设置。

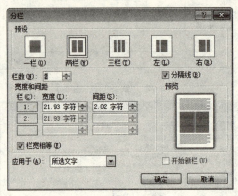

图 3-2-26　"分栏"对话框

（8）在"最珍贵礼物"文档左侧插入图片。可以单击"插入"选项卡中"插图"组中的"图片""剪贴画"和"形状"等按钮。本案例通过单击"图片"按钮，在弹出的如图 3-2-27 所示的"插入图片"对话框中选择合适图片进行插入。

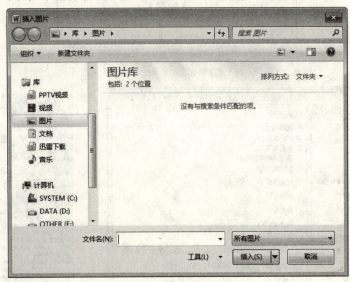

图 3-2-27　"插入图片"对话框

我们也可以通过插入"剪贴画"的方式插入 Word 2010 应用程序提供的"剪贴画"。单击"剪贴画"按钮，窗口右侧弹出"剪贴画"任务窗格，输入搜索关键字"花"，如图 3-2-28

所示。单击【搜索】按钮,在结果框中单击图片即可实现插入。

(9)插入图片后,选中图片并右击,在弹出的快捷菜单中选择"自动换行"命令,弹出如图 3-2-29 所示的菜单,选择"紧密型环绕"的布局方式。

图 3-2-28 "剪贴画"任务窗格　　　图 3-2-29 布局菜单选项

(10)"低碳生活小准则"以及"低碳生活启示"则按照文本框的修改方式进行设置。

项目总结

本项目是完成一个以"低碳生活"为主题的海报的制作。该项目主要的任务包括艺术字的插入及修改、文本框的插入及设置、字体及段落的设置和分栏设置等内容,增强视觉效果。

拓展延伸

1.自选图形的插入

我们可以通过"插入"选项卡中"插图"组中的"形状"下拉菜单实现自选图形的绘图效果,也能够在自选图形中添加文字。在自选图形上右击,在弹出的快捷菜单中选择"添加文字"命令,此时插入光标在文本框内闪动,输入所需文字即可。这样插入的文字,可随图形一起移动。

2.组合

选中所有图形后右击,在弹出的快捷菜单中选择"组合"下拉菜单中的"组合"命令,则可以将多个图形合并成一个图形。

自我练习

根据本节所学的知识,利用素材"课后练习 3-2.docx"自己动手制作如图 3-2-30 所示的文档。

要求:所有标题字体为"宋体、四号、加粗",所有内容字体为"宋体、小四"。

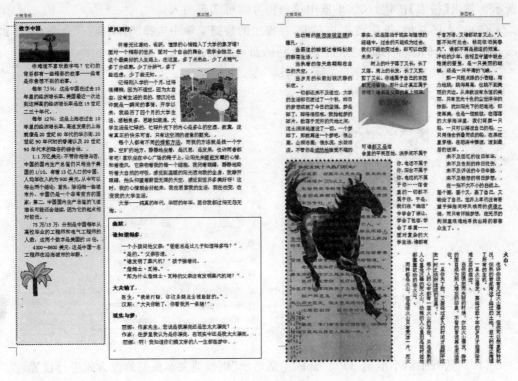

图 3-2-30　课后练习

项目三　制作个人简历

项目分析

【项目说明及解决方案】

为了应对激烈的人才竞争,所有面临就业的同学们都需要在储备过硬的知识技能和优秀的职业素质能力之余,使别人尽快地了解自己。所以每个面临就业的同学首要任务就是制作出一份令自己、令他人满意的个人简历。

Word 2010 有个优点就是提供了许多在我们日常工作中常常用到和接触到的模板,如个人简历、会议纪要、新闻稿、日程安排和信纸等。我们可以通过模板制作个人简历,用表格向用人单位展示专业的主要课程安排以及学习成绩,并使用简单的公式以及图表。最后通过页面边框以及背景色的设置来美化简历。案例效果如图 3-3-1 所示。

【学习重点与难点】

- 模板的使用
- 页面颜色和边框的设置
- 表格的制作
- Word 制表过程中的常用公式
- 图表的插入

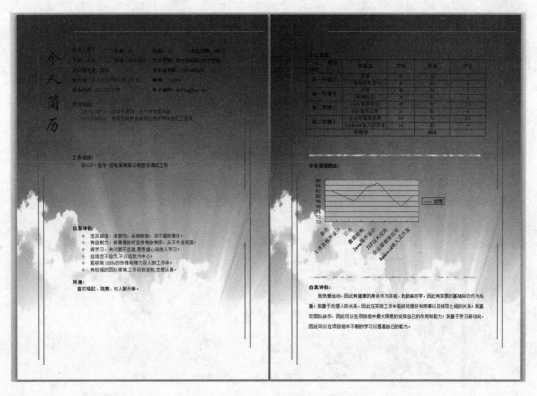

图 3-3-1 案例效果

项目实施

任务一 模板的使用

除了通用型的空白文档模板之外，Word 2010 中还内置了多种文档模板，如博客文章模板、书法字帖模板等。另外，Office.com 网站还提供了证书、奖状、名片和简历等特定功能模板。借助这些模板，用户可以创建比较专业的 Word 2010 文档。

操作步骤如下：

（1）打开 Word 2010 文档窗口，单击"文件"选项卡中的"新建"命令。

（2）在打开的"新建"面板中，如图 3-3-2 所示，用户可以单击"博客文章"和"书法字帖"等 Word 2010 自带的模板创建文档，还可以单击 Office.com 提供的"名片"和"日历"等在线模板。本实例只需要选择"简历"模板即可。

（3）在单击"简历"模板后，选择"基本"文件夹，稍等片刻，如图 3-3-3 所示，出现了多个模板，选择其中"简历-1"，并双击，待模板下载完成后就能够创建出相应的个人简历。

（4）在创建好的个人简历文档中填入相关文字信息，如图 3-3-4 所示。

（5）文档中的"自我评价"内容通过"开始"选项卡中"段落"组中的"项目符号"进行创建。

图 3-3-2　新建文档

图 3-3-3　"简历"模板

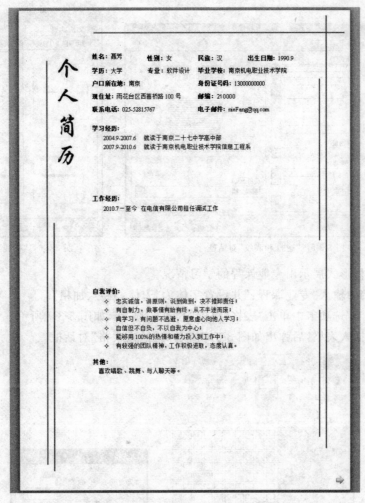

图 3-3-4 "个人简历"首页

任务二 个人简历次页的实现

操作步骤如下：

(1)首先插入页面边框的花纹。

①选择"页面布局"选项卡，我们可以通过此选项卡实现整个文档主题的设置、页面的基本设置和纸张类型的选择等。

②在"页面布局"选项卡中单击"页面背景"组中的"页面边框"按钮，弹出如图 3-3-5 所示的"边框和底纹"对话框。

通过该对话框我们可以为页面设置边框或者底纹，首先选择"样式"中的某一种，然后调节颜色、宽度和艺术型，并应用于"整篇文档"。

在本案例中，我们还要单击对话框左下角的【横线】按钮，弹出如图 3-3-6 所示的"横线"对话框，从中选取我们需要的图形后单击【确定】进行插入。

图 3-3-5 "边框和底纹"对话框

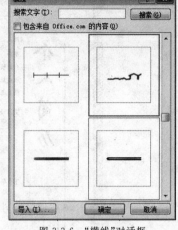

图 3-3-6 "横线"对话框

(2)用表格形式展示出专业课程的学习情况。

①在文档中输入"专业课程："并设置字体为"宋体、五号、加粗"。

②在"插入"选项卡中单击"表格"组中的"表格"按钮，如图 3-3-7 所示。

③单击"插入表格"后弹出如图 3-3-8 所示的"插入表格"对话框。

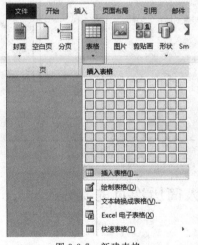

图 3-3-7 新建表格

图 3-3-8 "插入表格"对话框

将"列数"保留设置为"5"，在"行数"输入框中更改设置为"10"。

④Word 2010 取消了绘制"斜线表头"功能，我们可以通过插入斜线的方式绘制表头。选中整个表格后右击，则弹出如图 3-3-9 所示快捷菜单，选择"边框和底纹"命令，弹出如图 3-3-10 所示对话框，在此对话框中样式选择直线型，颜色选择"自动"，宽度为"0.5 磅"，单击【确定】按钮。用同样的方法，在第一个单元格上右击，在对话框中选择右斜线"◻"，并应用于"单元格"，单击【确定】按钮。然后输入相应文字信息。

⑤利用合并单元格功能将第二行第一个单元格和第三行第一个单元格合并，并输入"第一学期上"，具体操作是用鼠标同时选中两个单元格后，选择"布局"选项卡，则显示如图 3-3-11 所示的菜单栏。

图 3-3-9　右击表格弹出快捷菜单

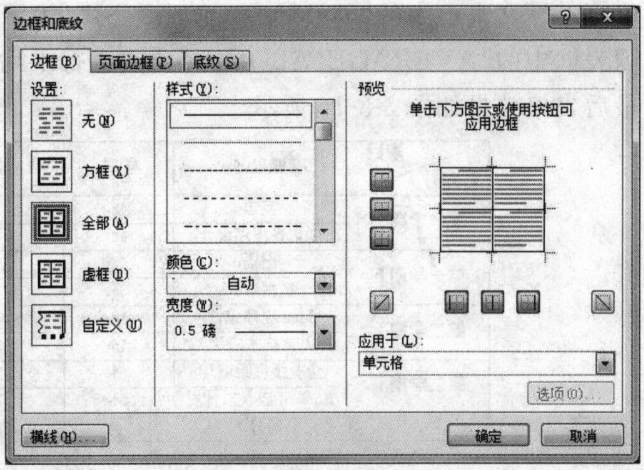

图 3-3-10　绘制表头

图 3-3-11　"布局"选项卡菜单栏

通过此菜单栏,我们可以实现删除表格、插入行和列以及设置单元格大小和对齐方式等功能。同时选中需合并的两个单元格后,单击"合并"组中的"合并单元格"按钮即可合并这两个单元格。用同样的方法处理"第一学期下""第二学期上""第二学期下"以及"平均分"单元格。完成后如图 3-3-12 所示。

项目 时间	课程名	学时	成绩	学分
第一学期上	英语	48	82	3
	C 语言程序设计	48	80	2
第一学期下	日语	48	78	3
	数据结构	36	83	3
第二学期上	Java 程序设计	48	85	3.5
	JSP 技术应用	56	80	4
第二学期下	企业级框架应用	64	76	3.5
	Android 嵌入式开发	64	80	3
平均分				

图 3-3-12　绘制出专业课程的表格

⑥将所有文字居中显示(垂直方向与水平方向均居中)。选中表格后,单击"对齐方式"组中的"▤"按钮,实现所有文字居中显示。

⑦成绩平均分可以通过 Word 2010 中提供的公式快速求出。首先将光标定位在成绩平均分栏中,单击"数据"组中的"ƒx 公式"按钮,则弹出如图 3-3-13 所示的"公式"对话框。

图 3-3-13　"公式"对话框

将"公式"文本框中的"SUM(ABOVE)"公式(表示求和)删除,通过选择"粘贴函数"下拉列表框中的"AVERAGE(ABOVE)"公式进行平均数的计算。

最后表格效果如图 3-3-14 所示。

时间 ＼ 项目	课程名	学时	成绩	学分
第一学期上	英语	48	82	3
	C 语言程序设计	48	80	2
第一学期下	日语	48	78	3
	数据结构	36	83	3
第二学期上	Java 程序设计	48	85	3.5
	JSP 技术应用	56	80	4
第二学期下	企业级框架应用	64	76	3.5
	Android 嵌入式开发	64	80	3
平均分			80.5	

图 3-3-14 专业课程表

(3)专业课成绩图表的制作。

①首先选中需要创建图表的表格("课程名"至"成绩"列),然后复制表格,再将鼠标定位到需要插入图表的位置。

②单击"插入"选项卡中"插图"组中的"![]"按钮,弹出如图 3-3-15 所示图表。

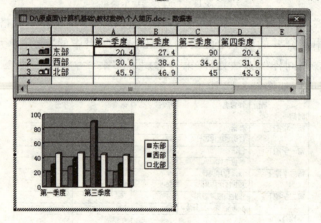

图 3-3-15 插入的图表

③将数据表修改为如图 3-3-16 所示的可用数据。此时,图表也做了相应修改。

	B	C	D	E	F	G	H	I
	C语言程序设计	日语	数据结构	Java程序设计	JSP技术应用	企业级框架	Android 嵌入式开发	
1 成绩	80	78	83	85	80	76	80	
2								
3								

图 3-3-16 修改为可用数据

④在图表上右击,从弹出的快捷菜单中选择"图表类型",弹出"图表类型"对话框。如图 3-3-17 所示。然后在"标准类型"选项卡中选择"折线图",子图表类型将会显示出若干折线图类型,如图 3-3-18 所示。选择第一个"折线图"来展示专业课程成绩走向。

 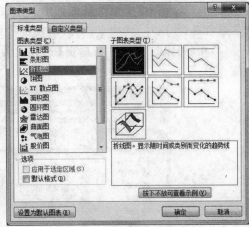

图 3-3-17　"图表类型"对话框　　　　　图 3-3-18　折线图的子图表类型

（4）"自我评价"模块的实现，字体为"宋体、小四"，段间距为 1.5 倍行距。

任务三　为文档设置背景色

通过"页面布局"选项卡中的设置页面颜色来为页面增添光彩。

操作步骤如下：

（1）单击"页面布局"选项卡，在"页面背景"组中可以实现水印的添加，防止别人盗取文件后在别的地方进行引用。我们既可以使用 Word 2010 应用程序提供的水印文字，也可以选择"自定义水印"来添加水印文字。

（2）"页面背景"组还可以为页面添加背景色，单击"页面颜色"下拉菜单，如图 3-3-19 所示。

我们可以为页面设置各种颜色，或者选择"其他颜色"自行定义页面颜色。

（3）也可以利用"填充效果"添加页面效果。单击"填充效果"后显示如图 3-3-20 所示对话框。

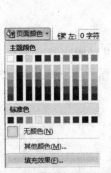 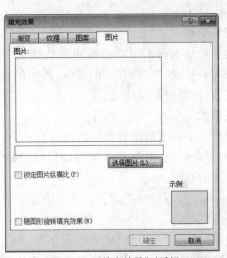

图 3-3-19　"页面颜色"下拉菜单　　　　图 3-3-20　"填充效果"对话框

在该对话框中可以设置页面的渐变色、纹理（如画布、水滴和大理石等）和图案。本案例是通过选择"图片"选项卡，为页面设置背景图片。

（4）在"图片"选项卡中，单击【选择图片】按钮，弹出如图 3-3-21 所示"选择图片"对话框。

图 3-3-21 "选择图片"对话框

选择背景图片存放的路径，然后单击【插入】按钮即可做出如图 3-3-1 所示的个人简历。

项目总结

本项目是完成个人简历的制作。本项目主要完成的任务是 Word 2010 模板的使用、页面边框中横线的插入、如何使用表格、对表格进行简单的设置、图表的插入和通过页面设置添加页面背景图片。

拓展延伸

1. 边框和底纹

边框和底纹是 Word 2010 最常用的功能之一，然而在插入的过程中经常会出错，最主要的就是我们忽视了"应用于"的部分，添加的边框和底纹可能应用于"表格""单元格"或者"文字"，在设置时必须注意。

2. 图表添加

除了案例当中介绍的图表类型的修改以外，也可以对图表选项功能进行修改。如图表的标题、图表背景色、图例和文字等，具体的修改过程和 Excel 2010 类似，将在后面的章节中做详细的介绍。

自我练习

要求利用"技术业务传单"模板创建如图 3-3-22 所示的软件销售宣传单，并插入"销售系统报价表"表格以及"会员系统报价表"表格，单元格内文字居中显示，字体为"宋体、四号",页面背景色为橙色(淡色80%)。

图 3-3-22 软件销售宣传单

项目四 毕业论文的实现

项目分析

【项目说明及解决方案】

毕业论文不仅文档长,而且格式多,处理起来比普通文档要复杂得多,例如,为章节和正文快速设置相应的格式、自动生成目录以及为奇偶页添加不同的页眉等,可以通过页眉布局工具盒样式的使用来快速地设置与实现。

【学习重点与难点】

- 页眉和页脚的插入
- 样式表单的使用
- 目录的插入

项目实施

任务一 页眉和页脚的添加

页眉和页脚虽然是相对不起眼的地方,但是对于一份精美的文稿来说却不容小视。可以通过插入的方式对页眉和页脚进行添加以及设置。

操作步骤如下：

（1）新建论文文档，将文档命名为"毕业论文.docx"，并保存。

（2）插入"南京机电职业技术学院"的 Logo 图片，并居中显示。右击图片，在弹出的快捷菜单中选择"自动换行"中的"嵌入型"，设置图片为嵌入式插入方式。

（3）输入论文标题"毕业论文"，字体为"黑体、小初、加粗"并居中显示。题目等其他信息为"宋体、三号、加粗"格式。

（4）单击"插入"选项卡中"页眉和页脚"组中的"页眉"下拉菜单按钮，弹出如图 3-4-1 所示下拉菜单。

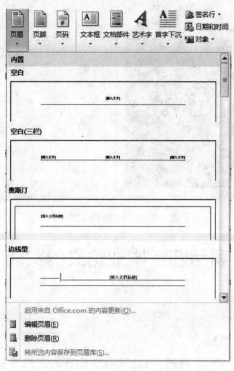

图 3-4-1 "页眉"下拉菜单

Word 2010 应用程序提供了多种页眉样式，我们可以从中选取一种，也可以通过执行下拉菜单中的"编辑页眉"命令自定义样式。

（5）单击"编辑页眉"命令后，菜单栏则呈现出如图 3-4-2 所示的形式，且光标定位在文档最上方的页眉处。我们可以编辑相应文字信息，例如本案例中，输入"南京机电职业技术学院毕业论文"的字样。

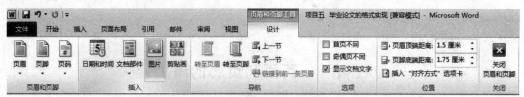

图 3-4-2 "页眉和页脚工具"选项卡

　　我们也可以更改页眉中的字体样式。选中相应文字后，从弹出的字体快捷工具栏中设置页眉文字格式为"宋体、五号、居中、蓝色"。

　　(6)页眉处可以插入任何文字、图片以及时间等元素，并可对插入元素进行各种设置，如改变颜色、插入自选图形以及设置阴影、三维图形等。

　　(7)若要删除已设置的页眉，可选择图 3-4-1 所示下拉菜单中的"删除页眉"命令。

　　(8)页码的插入可以通过"插入"选项卡中"页眉和页脚"组中的"页脚"命令来进行。或者在前面操作的基础上单击在"页眉和页脚工具"选项卡中的"转至页脚"按钮实现页脚的插入。单击"转至页脚"按钮，光标将定位在页面最下方的页脚处，我们可以插入任意文字、图片或者页码。

　　(9)若通过"页眉和页脚"组中的"页脚"命令插入页脚，则弹出如图 3-4-3 所示的下拉菜单。我们可以采用 Word 2010 应用程序提供的页脚样式，也可以选择"编辑页脚"命令实现自定义页脚的插入。

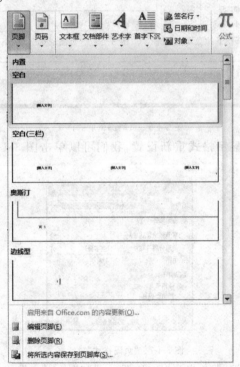

图 3-4-3　"页脚"下拉菜单

　　(10)光标定位在页脚处后，可以编辑任意文字信息，或者通过"页码"下拉菜单按钮插入页码。单击"页码"按钮，弹出如图 3-4-4 所示下拉菜单。

　　此下拉菜单列举出了"页码"插入的所有位置，如页面顶端、页面底端和页边距等。在本案例中，我们选择"页面底端"，弹出如图 3-4-5 所示二级下拉菜单。

　　普通数字 1、普通数字 2 和普通数字 3 都是插入不同位置的页码。而 X/Y 是指插入页码格式的含义为文档总共 Y 页的第 X 页。插入这些基本格式类型后，也可以根据自己的需要再进行编辑，如图 3-4-6 所示。

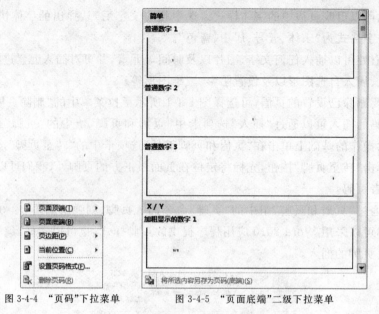

图 3-4-4 "页码"下拉菜单　　　　图 3-4-5 "页面底端"二级下拉菜单

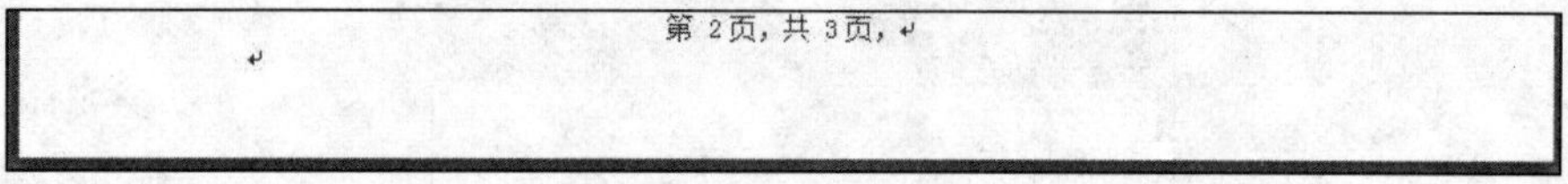

第 2 页，共 3 页，↵

图 3-4-6 页码编辑后的样式

（11）若需要对页码显示格式重新设置，我们可以单击图 3-4-4 中的"设置页码格式"命令，弹出如图 3-4-7 所示对话框。

图 3-4-7 "页码格式"对话框

我们可以重新设置编号格式为"A，B，C，…"和"Ⅰ，Ⅱ，Ⅲ，…"等。也可以设置页码格式中是否包含章节号以及起始页码的值。

（12）如图 3-4-2 所示的"页眉和页脚工具"选项卡中，"导航"组可实现快速转至页眉编辑模式或者快速转至页脚编辑模式。

（13）而"选项"组中可实现"首页"与"奇偶页"页眉和页脚不同格式的设置。

（14）我们也可以通过"位置"组，实现页眉和页脚距离页边距大小的位置。

（15）页眉和页脚编辑完成后单击"关闭页眉和页脚"按钮，关闭此视图模式。

任务二　论文摘要与论文内容格式的快捷设置

论文内容量是非常大的,可以通过格式样式的制定快速地实现论文内容格式的设置与修改。

操作步骤如下:

(1)首先输入文字"第一章　绪论",字体使用"开始"选项卡中"样式"组中提供的样式。Word 2010 提供的基本样式如图 3-4-8 所示。

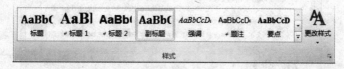

图 3-4-8　"样式"组

所有的标题字体都必须应用"样式"组中提供的标题样式,如"标题""标题 1"和"标题 2"等,为快速生成目录打下基础。

(2)若系统提供的标题样式不符合论文要求,我们可以对它进行更改。首先在"样式"组中选中需要更改的样式,然后单击"更改样式"按钮,弹出如图 3-4-9 所示的下拉菜单,可以更改选中的样式在本文档中的显示样式、颜色、字体和段落间距等属性。

(3)我们可以单击"样式"组右下角的"⤢"按钮查看所有样式清单,如图 3-4-10 所示。

选中需要设置的文字,单击清单中的某个样式即可进行应用。或者选中某个样式后单击右侧的下拉菜单按钮,则会出现如图 3-4-11 所示菜单项。

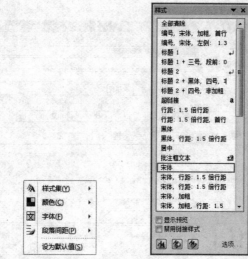

图 3-4-9　"更改样式"下拉菜单　　图 3-4-10　样式清单　　图 3-4-11　样式菜单项

我们可对选中的样式项进行删除或修改。

(4)新建样式。单击如图 3-4-10 所示样式清单下侧的"⤢"按钮,实现新建样式,弹出如图 3-4-12 所示对话框。

图 3-4-12 "根据格式设置创建新样式"对话框

在"名称"文本框中输入新建样式的名称,并设置样式的类型,通过"格式"部分设置格式。若格式内容不能满足需要设置的要求,可以单击对话框左下角的【格式】按钮,弹出如图 3-4-13 所示的菜单项,进一步设置高级格式,如字体、段落、制表位和边框等。

(5)修改样式。选中样式清单中需要修改的样式名称后,单击右侧的下拉列表按钮,选择"修改"命令,弹出如图 3-4-14 所示对话框进行样式的修改,具体设置与步骤(4)介绍的过程一致。

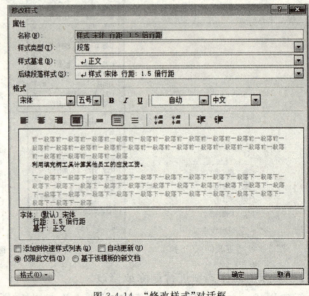

图 3-4-13 "格式"菜单   图 3-4-14 "修改样式"对话框

(6)删除样式只需要执行步骤(3)中如图 3-4-11 所示下拉菜单中的"删除"命令即可。

(7)我们可为本论文文档应用标题样式,以及创建中英文摘要样式。

任务三 目录的制作

目录是书和论文中常用的格式。如何快速地设置目录呢？

操作步骤如下：

(1)单击"引用"选项卡，如图 3-4-15 所示。

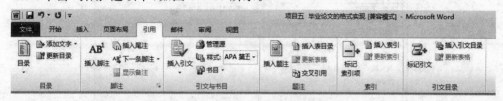

图 3-4-15 "引用"选项卡

(2)单击"目录"组中"目录"按钮，弹出如图 3-4-16 所示的下拉菜单。

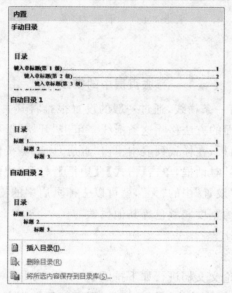

图 3-4-16 "目录"下拉菜单

我们根据需要选择一组目录进行创建。

(3)或者选择下拉菜单中的"插入目录"命令，弹出如图 3-4-17 所示对话框。

单击【选项】按钮可以设置所创建目录的样式，单击【修改】按钮重新设置目录应用样式。

项目总结

本项目以毕业论文排版为例，详细介绍了长文档的排版方法与技巧。本案例的重点是样式、节、页眉和页脚、目录与摘要的应用。标题部分一定要使用样式中的"标题"来设置才能够快速设置目录菜单。我们也可以根据需要对应用程序中已经存在的样式进行重新设置。样式的设置与修改是本章学习的重点内容。

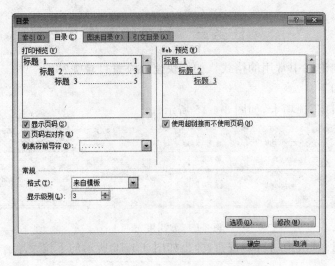

图 3-4-17 "目录"对话框

拓展延伸

移去页眉中的横线

Word 页眉中默认有一条横线,通过一般的设置很难将其去掉,这有时会影响到整体的版面风格。可通过下面的方法移除这条横线。单击"开始"选项卡中"样式"组右下角的展开按钮,打开"样式"面板,在样式列表中单击"页眉"项右侧按钮,在下拉菜单中选择"修改",在弹出的"修改样式"对话框,单击【格式】|【边框】,打开"边框和底纹"对话框。在"边框"选项卡中,单击左侧"设置"中的"无",就可以去掉页眉中的横线了。如果想保留横线,也可以在这里改变横线的宽度和颜色等其他属性。

自我练习

对本任务中的毕业论文文档进行如下排版:

1.页眉为"毕业论文",字体为"黑体、四号、居左",顶端距离为"1 cm"。

2.设置论文纸张的页边距上下左右均为 2 cm。

3.论文题目设置为"黑体、三号、加粗、居中",姓名设置为"楷体、四号、加粗、居中",院系设置为"仿宋、四号、居中"。

4.摘要和关键字均为"黑体、小四",标题加粗,悬挂缩进 2 个字符,摘要与题头部分隔一行。

5.论文内容为"宋体、四号",与关键词分隔两行。

6.参考文献为"宋体、四号",标题加粗,与正文部分隔一行。

7.生成阶梯状目录。

模块四　Excel 2010 电子表格制作

Excel 2010 是 Microsoft Office 系列中专业制作电子表格的软件。本模块以四个项目为载体，从创建 Excel 电子表格着手，讲解 Excel 表格样式的风格化和表格数据的格式化。然后通过求和、求平均值和条件等函数的练习掌握函数和公式的计算方法。最后学习排序、筛选、分类汇总和数据透视表等操作完成数据的分析。

项目一　制作学生情况统计表

项目分析

【项目说明及解决方案】

现在学校的每一届学生人数都很多，学生管理部门需要制作多个简洁明了的表格来掌握学生的基本情况。使用 Excel 制作表格可以较方便地输入数值和文本，可以进行数值的计算、查找、排序和筛选等，如果再与其他表格数据结合起来使用，可以大大减少工作量。因此首先通过本项目的学习掌握 Excel 制作表格的方法。

在本项目中，将学习创建工作表和工作簿的方法；学会使用合并单元格进行表格标题的设置；掌握表格中文本和数据的输入技巧；通过设置单元格格式给表格添加边框和底纹以及设置自动换行和居中等；运用页面设置来选择边距、纸张大小等数值。

【学习重点与难点】

- Excel 表格单元格格式化设置
- 身份证号码等特殊数字的输入方法

项目实施

任务一　启动 Excel 2010 并输入表格内容

本任务将介绍启动 Excel 2010 的方法、表格中文本的输入、工作簿和工作表的命名以及表格单元格的合并等一些简单的表格制作方法。

操作步骤如下：

（1）一般来说，Excel 2010 是常用的办公软件，我们习惯在计算机桌面上创建它的快捷方式图标，然后每次使用时直接双击即可。但如果没有创建快捷方式，可以单击"开始"菜单，找到常用程序下的"Microsoft Excel 2010"，如图 4-1-1 所示。

（2）打开 Excel 文档之后，也可以右击任务栏上的 Excel 图标，在弹出的快捷菜单中选择"将此程序锁定到任务栏"，将 Excel 程序锁定到任务栏，以后单击任务栏上的 Excel 图标就可以启动 Excel 程序了，如图 4-1-2 所示。

图 4-1-1　从"开始"菜单启动 Excel 2010　　　图 4-1-2　将 Excel 2010 锁定到任务栏

（3）我们通常把一个 Excel 文档称为一个"工作簿"，默认的情况下有"Sheet1""Sheet2"和"Sheet3"，我们把它们称为"工作表"。打开一个新的文档之后，会发现表格由若干行和列组成。其中字母（如"A"）代表列号，数字（如"1"）代表行号。因为表格中的单元格较多，所以每一个单元格都是通过列号和行号来确定它的名称。单击 A1 单元格（或者按住"Ctrl＋Home"快捷键也能快速定位到 A1 单元格），输入表格的标题"2012-2013学年 2011 级学生在校情况统计表"，然后在 A2 中输入制表时间"2013 年 1 月"。保存文档，选择保存位置，并将文档命名为"学生情况统计表.xlsx"。

（4）Excel 2010 虽然由若干单元格组成，但实际上每个单元格都没有表格框线，因此需要我们来设置。参考表格样张的样式，从 A3 单元格开始，选中一块 20 行、17 列的表格区域，然后单击"开始"选项卡中"字体"组中的框线按钮，在下拉菜单中选择"所有框线"给表格加内外边框，如图 4-1-3 所示。

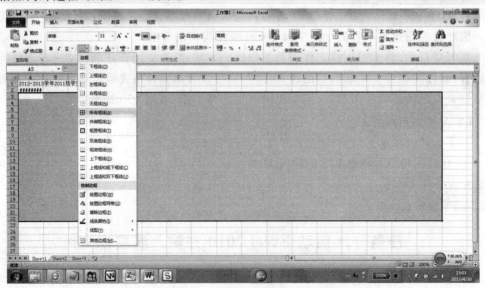

图 4-1-3　给表格添加内外边框

（5）实际上在平时使用 Excel 时，常常需要对表格的内外框线设置不同的颜色、粗细和样式，可以选中需要设置表格边框的区域后右击，在弹出的快捷菜单中选择"设置单元格格式"选项，弹出"设置单元格格式"对话框。在这个对话框中，选择"边框"选项卡，根据要求设置不同的边框效果，如图 4-1-4 所示。

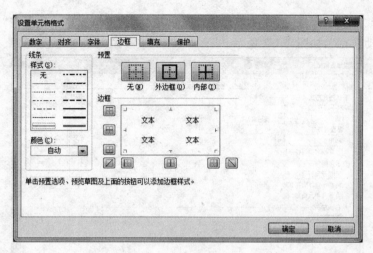

图 4-1-4　表格边框设置

（6）将 A1 到 Q1 单元格选中，单击"开始"选项卡中"对齐方式"组中的"合并后居中"按钮，用同样的方法操作 A2 到 Q2 单元格，分别设置好表格的标题格式，如图 4-1-5 和图 4-1-6 所示。

图 4-1-5　合并及居中表格标题

（7）参考样张中"专业""班级""学生人数""性别""家乡""宿舍""学费缴纳""年度奖学金"和"休学、退学学生"等内容，将 A3 和 A4、B3 和 B4、C3 和 C4、D3 和 E3、F3 到 H3、I3 到 K3、J3 和 M3、N3 和 O3 以及 P3 和 Q3 等单元格合并，并在其中输入标题文字。同样将"信息工程系"等单元格合并并设置文字内容，如图 4-1-6 所示。

图 4-1-6　表格标题行输入及合并居中

（8）选择"信息工程系"所在的单元格，右击，选择"设置单元格格式"，在"对齐"选项卡中，勾选"自动换行"，如图 4-1-7 所示。

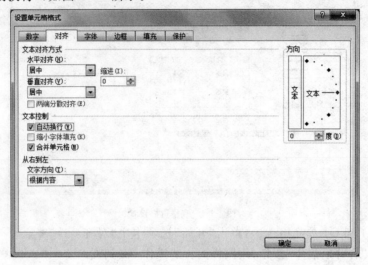

图 4-1-7　单元格自动换行设置

（9）再参考样张，将相类似的单元格都设置成为自动换行，并将 B2 到 B22 单元格的内容输入完成。至此，表格的文字内容输入完毕，效果如图 4-1-8 所示。

图 4-1-8　表格主体内容完成

任务二　表格的页面设置

将表格内容输入完成之后，将进行表格的纸张方向、上下左右页边距和纸张大小等页面设置，还有行高和列宽的设置、单元格的文字方向设置和表格的边框及底纹的制作。

操作步骤如下：

（1）由于我们这张表格的列数较多，打开打印预览后，根据表格样张的内容，将文档设置成为"横向"，如图 4-1-9 所示。

图 4-1-9　表格的页面设置

（2）如果有要求的话，也可以同时设置纸张的大小和上下左右的页边距。单击右下角的"页面设置"链接，弹出"页面设置"对话框，还可以设置页眉和页脚等其他内容，如图 4-1-10 所示。

图 4-1-10　表格"页面设置"对话框

（3）然后返回到"开始"选项卡后，会发现表格边上出现了横向和纵向的虚线，这代表表格已经超出了一张 A4 纸的打印范围，因此，将鼠标放到两个字母列标之间，按住鼠标左键并拖动来修改列宽，或者右击列标，在弹出的快捷菜单中选择"列宽"，在弹出的"列宽"对话框中设置该列宽度的具体数值，如图 4-1-11 所示。

图 4-1-11　设置表格的列宽

（4）用同样的方法还可以设置每一行的"行高"。然后选择所有的文字，设置字体大小和水平居中等格式。

（5）选中"专业"所在的单元格后右击，在弹出的快捷菜单中选择"设置单元格格式"，弹出"设置单元格格式"对话框，在"对齐"选项卡中将单元格设置成为竖排文字的格式，如图 4-1-12 所示。

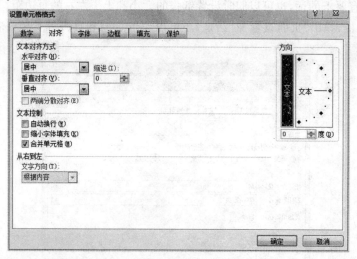

图 4-1-12　竖排文字的设置

（6）选中整张表格的单元格，打开"开始"选项卡，选择边框按钮下拉菜单中的"粗匣框线"，给表格的外边框加粗，再选中该下拉菜单中"线型"二级菜单中的双线，这时鼠标变成一支笔的形状，拖动鼠标，在表格的第 4、5 行和第 21、22 行之间划两道双线，如图 4-1-13 所示。

专业	班级	学生人数	性别		家乡			宿舍			学费缴纳	
			男（人）	女（人）	江苏（人）	安徽（人）	浙江（人）	A栋（人）	B栋（人）	C栋（人）	已交费（人）	未交费（人）
信息工程系	网络管理											
	软件技术											
	图形图像											
	物流管理											
	环境艺术											
	视觉传达											
自动化工程系	电气自动化											
	机电一体化											
	电测											

图 4-1-13　表格粗线外框和双线设置

（7）最后，我们还可以美化一下制作好的工作表，给表格设置底纹等效果。Excel 2010 提供了"套用表格格式"和"单元格样式"来快速做出效果。选择需要设置的单元格区域，单击"开始"选项卡中"样式"组中的"单元格样式"按钮，在弹出的下拉列表中选择需要的样式即可，如图 4-1-14 所示。

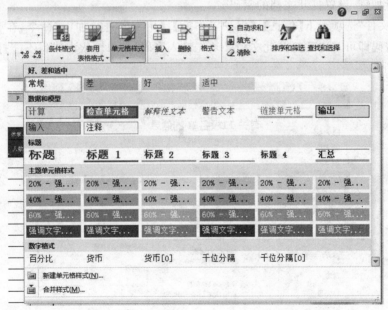

图 4-1-14　单元格样式

（8）Excel 默认情况下 1 个工作簿有 3 张工作表，我们在使用时常常会将工作表的名字重命名，来更好地管理表格。双击表格左下角的工作表标签"Sheet1"，将其重命名为"2011 级学生情况表"。此外，还可以右击工作表名，在弹出的快捷菜单中使用"插入""删除"和"移动或复制"命令修改工作表，如图 4-1-15 所示。

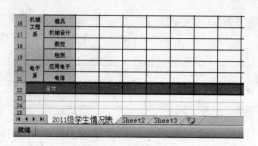

图 4-1-15　工作表的重命名

项目总结

　　Excel 2010 是非常实用的电子表格制作软件,通过本项目的学习,了解工作表与工作簿的定义,掌握 Excel 制作表格的方法以及表格单元格的格式设置等内容。

拓展延伸

1. 保护工作表

（1）工作簿加密

　　有时,我们的表格里面有大量的数据是不希望被其他人查看的,因此,我们可以对这类文档进行加密,设置打开文档的密码。

　　执行"文件"选项卡下【信息】|【保护工作簿】|【用密码进行加密】命令,在弹出的对话框中设置密码即可。之后打开此文档必须先输入密码,如果输入出错将不能打开文档,如图 4-1-16 所示。

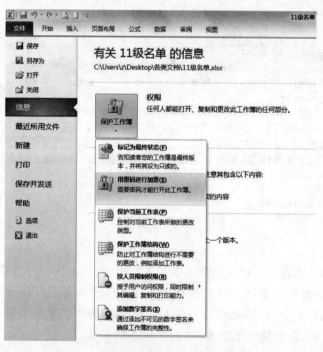

图 4-1-16　工作簿的加密

（2）设置自动保存时间

我们在使用 Excel 时偶尔会意外退出而忘记保存，为了减少损失，可以在 Excel 中进行自动保存的设置。单击"文件"选项卡中的"选项"命令，在弹出的对话框中的"保存"选项卡中设置即可，如图 4-1-17 所示。

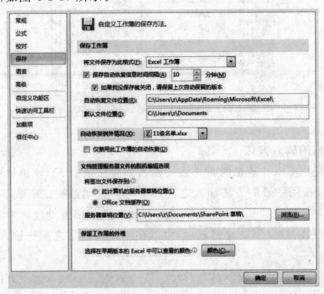

图 4-1-17　自动保存时间设置

（3）隐藏工作表中的数据

我们平时在使用 Excel 时，有时表格数据太多查看不便，或者由于其他原因，有些数据不需要显示，可以设置将其隐藏。

选择需要隐藏的行标或者列标后右击，在弹出的快捷菜单中选择"隐藏"命令，这时所选择的部分将不显示。如果需要再次显示，则右击后在弹出的快捷菜单中选择"取消隐藏"即可，如图 4-1-18 所示。

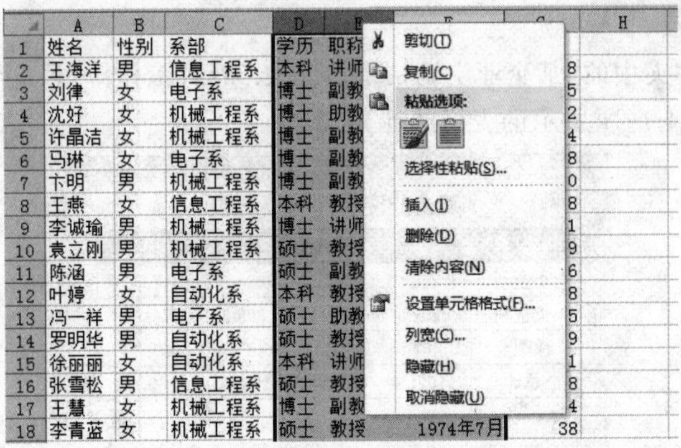

图 4-1-18　隐藏列

同样的，右击工作表标签，在弹出的快捷菜单中选择"隐藏"选项可以隐藏整张表格，如图 4-1-19 所示。

12	叶婷	女	自动化系	本科	教授	1964年9月
13	冯一祥	男	电子系	硕士	助教	1958年2月
14	罗明华				教授	1954年3月
15	徐丽丽	插入(I)...	科	讲师	1971年6月
16	张雪松	删除(D)		教授	1954年11月
17	王慧	重命名(R)		副教授	1978年12月
18	李青蓝	移动或复制(M)...		教授	1974年7月
19	陈勇	查看代码(V)		助教	1974年2月
20	赵海源		科	教授	1971年6月
21	洪光	保护工作表(P)...		助教	1976年9月
22	杨代友	工作表标签颜色(T) ▶	士	副教授	1954年4月
23	钱晓燕			副教授	1973年9月
24	陈玉兰	隐藏(H)	士	教授	1975年2月
25	钱键	取消隐藏(U)...	士	讲师	1964年6月
26	陈宇		士	教授	1974年5月
27	王娓	选定全部工作表(S)		教授	1976年10月

图 4-1-19　隐藏工作表

2. 身份证号码的输入方法

我们在平时使用 Excel 表格时常常需要输入如身份证号、工号和学号等数字。例如，18 位的身份证号，在用一般的方法输入之后，Excel 会自动地把这串数字用科学计数法表示；著名的代号"007"则变成了"7"。所以对这类数字需要单独处理。

（1）如果是单独的数字需要全部显示，可以在输入该数字之前先输入一个半角的单引号"'"。

（2）如果需要输入的数字较多，如一行或者一列，则逐一输入就不方便了，此时可以选中这些单元格，在"开始"选项卡中的"数字"组中选择"文本"，然后在单元格中输入数字即可，如图 4-1-20 所示。

图 4-1-20　数字文本化的设置

自我练习

打开素材文件夹中的"某企业空调销售情况表.xlsx"工作簿，根据学习本项目所掌握的知识，完成如图 4-1-21 所示的表格的计算。

某企业空调销售情况表				
空调型号	一月	二月	三月	平均值
小金刚	256	342	654	417.33
大金刚	298	434	398	376.67
睡眠宝	467	454	487	469.33
总计	1021	1230	1539	1263.33

图 4-1-21　销售情况表

项目二 制作学生成绩分析表

项目分析

【项目说明及解决方案】

一个学期考试结束后,作为班主任需要及时地了解学生的学习情况,进行系统地分析。而一般来说,班级的学生人数较多,考试课程也较多,因此我们可以借助 Excel 2010 中强有力的函数计算等功能完成学生考试情况的分析。

本项目以一张学生考试成绩表为例介绍了求和、求平均值等常用函数的使用方法,用 RANK 函数将班级学生的成绩进行高低排名。

【学习重点与难点】

- 掌握常用的函数如求和、求平均值、最大值和最小值等的使用
- 掌握相对引用地址与绝对引用地址的区别

项目实施

任务一 常用函数的使用

本任务将使用求和、求平均值、最大值和最小值等函数对 Excel 表格中的数据进行最基本的数据计算。

操作步骤如下:

(1)选择 L2 单元格,单击"公式"选项卡中的"Σ"图标,这时,单元格显示的内容为"=SUM(C2:K2)",这是 Excel 中函数的固定格式。其中,"SUM"表示这是求和函数,"C2:K2"表示计算的数据从 C2 单元格开始,一直到 K2 单元格结束。因此 L2 单元格表示的内容就是第一位学生各个课程的总分求和。按 Enter 键,完成第一个总分的计算,如图4-2-1 和图 4-2-2 所示。

图 4-2-1 求和函数

C	D	E	F	G	H	I	J	K	L	
高等数学	军事理论	思修	英语	体育	工程制图	机械基础	电工基础	心理健康教育	总分	
90	79	80	67	76	76	82	88		=SUM(C2:K2)	
90	77	75	80	77	77	74	89	80		

图 4-2-2 求和函数表达式

2.选中 M2 单元格,单击"公式"选项卡中"Σ"图标下面的"自动求和"按钮,在弹出的下拉菜单中选择"平均值"选项,这时在 M2 单元格中出现"=AVERAGE(C2:L2)",这是 Excel

的自动选择,但 L 列是总分列,不参与平均分的计算,因此,我们要把 M2 中的内容改成"＝AVERAGE(C2:K2)"。按 Enter 键,完成平均分的计算。然后选择"开始"选项卡中的"数字"组,单击"减少小数位数"到保留数值 1 位小数即可,如图 4-2-3 和图 4-2-4 所示。

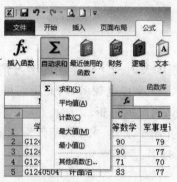

图 4-2-3　平均值函数

图 4-2-4　减少小数位数

(3)选中 L2 和 M2 单元格,将鼠标移动到 M2 单元格的右下角,当鼠标变成黑色十字"填充柄"时,按住鼠标左键向下拖动,完成所有学生的总分和平均分的计算,如图 4-2-5 所示。

	A	B	C	D	E	F	G	H	I	J	K	L	M	N
1	学号	姓名	高等数学	军事理论	思修	英语	体育	工程制图	机械基础	电工基础	心理健康教育	总分	平均分	名次
2	G1240501	王海洋	90	79	80	67	76	76	82	88	80	718	79.8	
3	G1240502	刘律	90	77	75	80	77	77	74	89	80	719	79.9	
4	G1240503	沈妤	71	70	75	75	80	60	79	50	88	648	72.0	
5	G1240504	许晶洁	83	77	86	72	78	84	84	89	90	743	82.6	
6	G1240505	马琳	70	47	63	44	79	45	41	62	87	538	59.8	
7	G1240506	卞明	80	79	81	74	81	46	65	62	83	651	72.3	
8	G1240507	王燕	79	74	57	68	77	52	60	61	89	616	68.4	
9	G1240508	李诚瑜	81	69	74	72	78	81	93	61	93	702	78.0	
10	G1240509	袁立刚	82	73	76	74	79	60	72	50	89	655	72.8	
11	G1240510	陈涵	91	72	84	77	77	81	82	77	84	725	80.6	
12	G1240511	叶搏	92	74	87	79	77	76	87	77	88	737	81.9	
13	G1240512	冯一祥	78	86	92	76	76	64	85	71	89	716	79.6	
14	G1240513	罗明华	90	72	80	82	77	71	82	65	83	712	79.1	
15	G1240514	徐丽丽	61	66	78	76	81	46	63	62	84	617	68.6	
16	G1240515	张雪松	60	77	82	61	76	60	82	63	90	651	72.3	
17	G1240516	王慧	60	80	83	74	73	48	47	41	82	586	65.1	
18	G1240517	李青蓝	60	79	79	76	75	49	73	62	86	641	71.2	
19	G1240518	陈勇	79	78	78	74	74	68	75	63	83	676	75.1	
20	G1240519	赵海源	79	70	76	71	75	63	60	63	80	637	70.8	
21	G1240520	洪光	49	78	80	80	69	19	64	64	78	646	71.8	
22	G1240521	杨代友	54	76	77	68	77	38	46	64	77	577	64.1	
23	G1240522	钱晓燕	79	75	79	77	74	78	75	70	87	694	77.1	
24	G1240523	陈玉兰	77	79	79	83	73	71	85	80	88	715	79.4	

图 4-2-5　用填充柄完成计算

(4)选中 C56 单元格,单击"公式"选项卡中"Σ"图标下面的"自动求和"按钮,在弹出的下拉菜单中选择"最大值"选项,这时在 C56 单元格中出现"＝MAX(C2:C55)"。按 Enter 键,完成单科最高分的计算,如图 4-2-6 所示。

用同样的方法计算单科的最低分和平均分,再用填充柄完成其他数据的计算。

图 4-2-6 最高分计算

任务二 计算每位同学的名次

分析及说明：表格数据常常需要排序，本张表格利用函数 RANK 和绝对引用地址来计算每位同学的成绩排名。

操作步骤如下：

（1）选择 N2 单元格，单击"公式"选项卡中的"fx 插入函数"按钮，打开"插入函数"对话框。在"搜索函数"文本框中输入"rank"，单击【转到】按钮，找到 RANK 函数。我们可以看到 RANK 函数的功能是"返回某数字在一列数字中相对其他数字数值的大小排名"，理解了这个函数的用途之后，可以更好地完成下面的步骤，如图 4-2-7 所示。

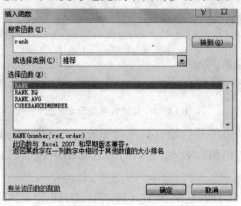

图 4-2-7 RANK 函数

（2）双击"选择函数"中的"RANK"，弹出"函数参数"对话框。RANK 函数的使用需要设置 3 个参数值。其中，"Number"文本框中输入需要排名次的第一位学生的总分所在的单元格，即 L2，如图 4-2-8 所示。

（3）在"Ref"文本框中，需要填入的是一列数字，在这张表格中，把我们需要排名次的总分区域输入进去，即"L2:L55"，如图 4-2-9 所示。

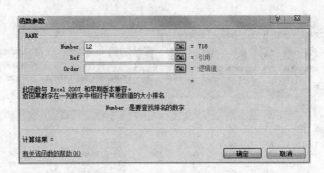

图 4-2-8　RANK 函数参数设置之一

图 4-2-9　RANK 函数参数设置之二

（4）在"Order"文本框中，因为我们希望成绩由高到低降序排列，所以可以不输入，忽略这一步，直接单击【确定】按钮，完成第一位学生的名次排列，如图 4-2-10 所示。

图 4-2-10　RANK 函数设置之三

（5）这时已经有同学迫不及待地直接拖动填充柄填充下面的数据了，但仔细查看，会发现结果并不正确，有两位第 3 名，但他们的分数是不一样的，如图 4-2-11 所示。这是为什么呢？

（6）双击 N12 单元格，打开它的函数计算表达式，如图 4-2-12 所示，发现表达式中绿色的范围不正确。这是因为我们在用填充柄填充数值时，虽然函数的计算表达式被复制了，但其中的单元格则是随着行或者列的改变而改变的。该问题就是总分的单元格区域发生变化，而实际上"L2：L55"是应该固定住的，如图 4-2-12 所示。

（7）双击 N2 单元格，将其中的表达式修改一下，在"L2：L55"中的行标和列标前都加上一个英文的"＄"符号，变成"＝RANK(L2，＄L＄2：＄L＄55)"。这种加"＄"符号的方法是将"相对引用地址"改为"绝对引用地址"，起到的作用是将"L2：L55"区域单元格"锁

电工基础	心理健康教育	总分	平均分	名次
88	80	718	79.8	11
89	80	719	79.9	10
50	88	648	72.0	37
89	90	743	82.6	3
62	87	538	59.8	50
62	83	651	72.3	32
61	89	616	68.4	45
61	93	702	78.0	14
50	89	655	72.8	29
77	84	725	80.6	6
77	88	737	81.9	3
71	89	716	79.6	7
65	83	712	79.1	9
62	84	617	68.6	38

图 4-2-11　错误的名次计算

英语	体育	工程制图	机械基础	电工基础	心理健康教育	总分	平均分	名次
67	76	76	82	88	80	718	79.8	11
80	77	77	74	89	80	719	79.9	10
75	80	60	79	50	88	648	72.0	37
72	78	84	84	89	90	743	82.6	3
44	79	45	41	62	87	538	59.8	50
74	81	46	65	62	83	651	72.3	32
68	77	52	60	61	89	616	68.4	45
72	78	81	93	61	93	702	78.0	14
74	79	60	72	50	89	655	72.8	29
77	77	81	82	77	84	725	80.6	6
79	77	76	87	77	88	737	=RANK(L12,L12:L65)	
75	76	64	85	71	89	716	79.6	7
82	77	71	82	65	83	712	79.1	9
76	81	46	63	62	84	617	68.6	38
61	76	60	82	63	90	651	72.3	26
74	73	48	47	41	82	586	65.1	38
76	75	49	73	62	86	641	71.2	29
74	74	68	75	63	83	676	75.1	18
71	75	63	60	63	80	637	70.8	29
80	70	69	78	64	78	646	71.8	27
68	77	38	46	64	77	577	64.1	34
77	74	78	75	70	87	694	77.1	
83	73	71	85	80	88	715	79.4	

图 4-2-12　双击查看函数表达式

定住",不随着鼠标向下拖动而改变。此时用填充柄计算其他学生的名次,完成每位学生的成绩排名,如图 4-2-13 所示。

体育	工程制图	机械基础	电工基础	心理健康教育	总分	平均分	名次
76	76	82	88	80	718	79.8	11
77	77	74	89	80	719	79.9	10
80	60	79	50	88	648	72.0	39
78	84	84	89	90	743	82.6	3
79	45	41	62	87	538	59.8	54
81	46	65	62	83	651	72.3	35
77	52	60	61	89	616	68.4	50
78	81	93	61	93	702	78.0	17
79	60	72	50	89	655	72.8	33
77	81	82	77	84	725	80.6	7
77	76	87	77	88	737	81.9	4
76	64	85	71	89	716	79.6	12
77	71	82	65	83	712	79.1	15
81	46	63	62	84	617	68.6	49
76	60	82	63	90	651	72.3	35
73	48	47	41	82	586	65.1	52
75	49	73	62	86	641	71.2	41
74	68	75	63	83	676	75.1	26
75	63	60	63	80	637	70.8	43
70	69	78	64	78	646	71.8	40
77	38	46	64	77	577	64.1	53
74	78	75	70	87	694	77.1	21
73	71	85	80	88	715	79.4	13

图 4-2-13　正确的名次计算结果

项目总结

Excel 2010 可以很好地管理与分析表格中的数据。通过常用的求和、求平均值和计数等函数的学习，以及较为复杂的 RANK 函数的使用，可以完成如项目所示的数据计算与分析。

拓展延伸

1. 函数与公式

Excel 最值得用户掌握的内容之一就是快速有效地对表格中的数据进行各种不同种类的计算，其中包括函数和公式两种方式。

Excel 的函数计算指的是按照特定的算法引用单元格的数据所执行的计算，分为若干种类，包括"财务""文本""日期和时间"和"查找与引用"等，在"公式"选项卡中可以找到"函数库"组，如图 4-2-14 所示。

图 4-2-14　函数库

而公式则没有固定的算法，它是以"＝"开始，由用户输入＋、－、＊、∕、( )、＜、＞、％、^ 和空格等符号，然后引用单元格数据或者手动输入函数名称和文字等内容来完成一个计算。特别提醒的是，这里的所有符号都要在英文输入法下输入才能够正确使用。

两种方式各有用途，因此都需要我们能够掌握最基本的计算方法，结合起来使用将能大大提高效率。

2. 单元格引用

一个 Excel 工作表由若干行和列组成，2010 版本中行数达到了 1048576，列数也有 16384。我们在进行函数或者公式计算时一般不会输入一个单元格中的数字，而是引用该单元格所在的位置。

引用一般分为两种：A1 和 R1C1。

A1 指的是该单元格的行标和列标，其中字母表示列数，数字表示行号。例如，D8 指的就是第 4 列第 8 行的单元格。

R1C1 是另外一种引用的方式，其中 R 和 C 分别表示行号和列号。例如，R8C4 指的也是第 4 列第 8 行的单元格。

3. 相对引用和绝对引用

通过上面项目的练习，我们发现在 Excel 计算中，相同或者相近的计算通常只要计算出第一个值，其他相关的数值可以通过向下、向右等方向拖动填充柄的方式来完成计算。这是因为 Excel 有公式复制的功能。

　　单元格在复制或者填充的过程中,公式或者函数的表达式的内容是不变的,但单元格的引用是随着公式或者函数的位置不同而改变的,因此才能完成一个数据的拖动带出了一列或者一行的数值计算。我们把这种公式随着位置的不同而引用不同的单元格的方式叫作"相对引用"。

　　但有时,比如本项目中的名次排序,我们在引用单元格时,希望每个人的总分区域始终保持不变,这种情况下,可以使用"绝对引用"来完成,即在"相对引用"的单元格行标或者列标前加上英文的"＄"符号。在本项目中就是将"＝RANK(L2,L2:L55)"改为"＝RANK(L2,＄L＄2:＄L＄55)",从而锁定住了 L2:L55 区域。

自我练习

　　打开素材文件夹中的"某书店图书销售情况表.xlsx"工作簿,根据学习本项目所掌握的知识,完成如图 4-2-15 所示的表格的计算。

	A	B	C	D	E
1	某书店图书销售情况表				
2	图书名称	数量	单价	销售额	销售额排名
3	计算机导论	2090	21.5	44935	2
4	程序设计基础	1978	26.3	52021.4	1
5	数据结构	876	25.8	22600.8	4
6	多媒体技术	657	19.2	12614.4	5
7	操作系统原理	790	30.3	23937	3

图 4-2-15　图书销售情况表

项目三　人事档案管理

项目分析

【项目说明及解决方案】

　　一般单位都会有自己的人事部门,管理本单位各员工的基本信息,包括姓名、职称、年龄和学历等内容。这些信息一般都已有文档保存,因此我们只需从其他文档导入到 Excel 表格中,即可进行信息的统计。

　　在前面通过求和、求平均值、最大值和最小值等函数的学习,已经具备了一些函数计算的基础。本项目中将首先将文本文档的数据导入到 Excel 表格中,然后使用 DATEDIF 函数计算每位员工的年龄,使用 COUNTIF 函数计算各个项目的人数分布,最后将分类好的数据生成图表显示。

【学习重点与难点】

* 文本文档数据导入到 Excel 中的方法
* DATEDIF 和 COUNTIF 等复杂函数的计算使用方法
* 表格数据生成图表的操作步骤

项目实施

任务一　导入文本文档数据

本任务是将普通的文本文档"人事档案资料.txt"中的数据导入到 Excel 中,再进一步进行数据处理。

操作步骤如下:

(1)首先,新建一个 Excel 工作簿,将文本文档中的数据导入到 Excel 文档中。选中 A1 单元格,单击"数据"选项卡中"获取外部数据"组中的"自文本"按钮,找到素材文件夹中的文本文档"人事档案资料.txt",如图 4-3-1 所示。

图 4-3-1　导入文本文档

(2)在"文本导入向导"对话框中,第 1 步可略过,直接单击【下一步】按钮,然后在第 2 步中"分隔符号"栏目中勾选"空格"复选框,这时文本导入已初步完成,可直接单击【完成】按钮。此时完成数据导入任务,如图 4-3-2 所示。

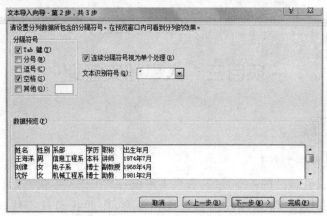

图 4-3-2　文本导入向导

(3)适当调整各列的宽度,保存文档并命名为"员工信息",文档导入效果如图 4-3-3 所示。

任务二　对表格数据进行函数计算

我们时常需要在一些表格中计算年龄和工龄等数据,在 Excel 中有一个隐藏函数 DATEDIF 可以很好地解决这个问题。本任务根据表格中"出生年月"列使用隐藏函数 DATEDIF 计算员工年龄,再使用 COUNTIF 函数对表格里的数据分别进行"系部""职称""学历"和"性别"等各项数值的统计。

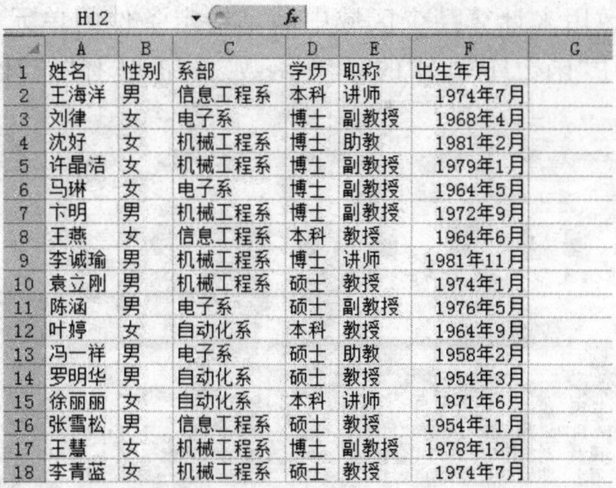

	A	B	C	D	E	F	G
1	姓名	性别	系部	学历	职称	出生年月	
2	王海洋	男	信息工程系	本科	讲师	1974年7月	
3	刘律	女	电子系	博士	副教授	1968年4月	
4	沈好	女	机械工程系	博士	助教	1981年2月	
5	许晶洁	女	机械工程系	博士	副教授	1979年1月	
6	马琳	女	电子系	博士	副教授	1964年5月	
7	卞明	男	机械工程系	博士	副教授	1972年9月	
8	王燕	女	信息工程系	本科	教授	1964年6月	
9	李诚瑜	男	机械工程系	博士	讲师	1981年11月	
10	袁立刚	男	机械工程系	硕士	教授	1974年1月	
11	陈涵	男	电子系	硕士	副教授	1976年5月	
12	叶婷	女	自动化系	本科	教授	1964年9月	
13	冯一祥	男	电子系	硕士	助教	1958年2月	
14	罗明华	男	自动化系	硕士	教授	1954年3月	
15	徐丽丽	女	自动化系	本科	讲师	1971年6月	
16	张雪松	男	信息工程系	硕士	教授	1954年11月	
17	王慧	女	机械工程系	博士	副教授	1978年12月	
18	李青蓝	女	机械工程系	硕士	教授	1974年7月	

图 4-3-3 文档导入效果

操作步骤如下：

1. DATEDIF 函数的应用

(1)DATEDIF 函数用来计算两个日期之间的天数差、月数差和年数差，因此我们可以使用 DATEDIF 函数来计算年龄。

(2)在 G1 单元格中输入“年龄”，再在 G2 单元格中输入函数的计算公式“=DATEDIF(F2,TODAY(),"Y")”。

(3)其中，“F2”代表起始日期，“TODAY()”表示当前的日期，“Y”表示前两个日期之间的差(用整年数来表示)。表达式中的所有符号均需要在英文输入法下输入，如图 4-3-4 所示。

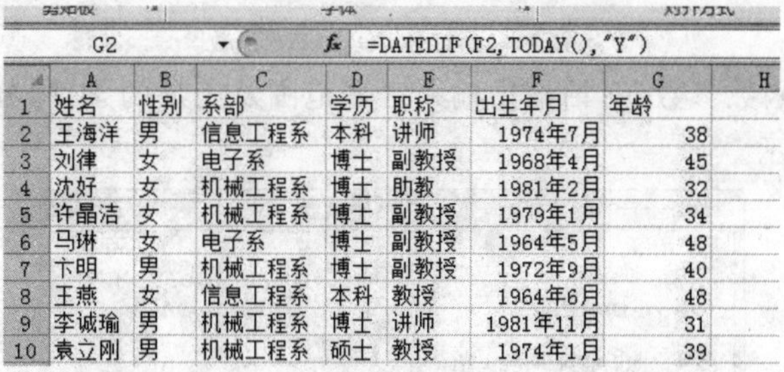

G2 =DATEDIF(F2,TODAY(),"Y")

	A	B	C	D	E	F	G	H
1	姓名	性别	系部	学历	职称	出生年月	年龄	
2	王海洋	男	信息工程系	本科	讲师	1974年7月	38	
3	刘律	女	电子系	博士	副教授	1968年4月	45	
4	沈好	女	机械工程系	博士	助教	1981年2月	32	
5	许晶洁	女	机械工程系	博士	副教授	1979年1月	34	
6	马琳	女	电子系	博士	副教授	1964年5月	48	
7	卞明	男	机械工程系	博士	副教授	1972年9月	40	
8	王燕	女	信息工程系	本科	教授	1964年6月	48	
9	李诚瑜	男	机械工程系	博士	讲师	1981年11月	31	
10	袁立刚	男	机械工程系	硕士	教授	1974年1月	39	

图 4-3-4 DATEDIF 函数表达式

2. COUNTIF 函数的应用

(1)在文档的空白单元格中输入如下内容，如图 4-3-5 所示。

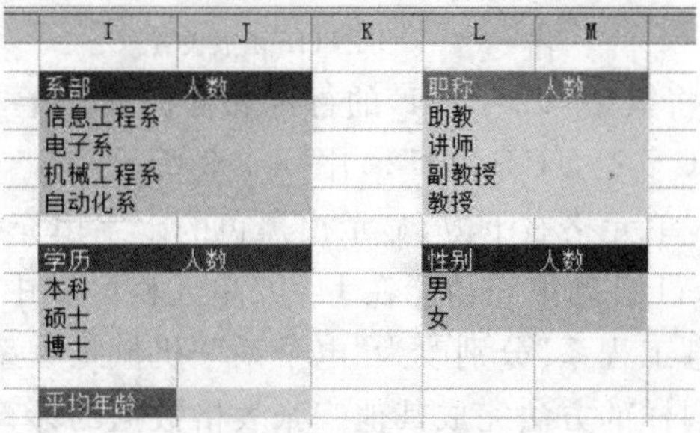

I	J	K	L	M
系部	人数		职称	人数
信息工程系			助教	
电子系			讲师	
机械工程系			副教授	
自动化系			教授	
学历	人数		性别	人数
本科			男	
硕士			女	
博士				
平均年龄				

图 4-3-5 表格文本输入

(2)COUNTIF 函数用来计算某个区域中满足给定条件的单元格数目。单击 J3 单元格,单击"公式"选项卡中"函数库"组中的"其他函数"按钮,选择"统计"中的"COUNTIF",如图 4-3-6 所示。

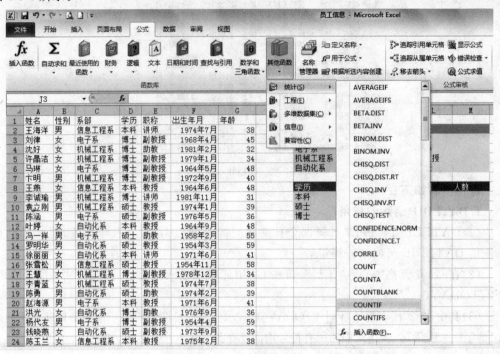

图 4-3-6　打开 COUNTIF 函数

(3)在弹出的"函数参数"对话框中输入区域范围及满足的条件,分别计算各个系部的人数,如图 4-3-7 所示。

图 4-3-7　COUNTIF 函数设置

(4)双击 J3 单元格,将其中"C2:C101"的行标和列标前加上"$"符号,把相对引用地址改为绝对引用地址"$C$2:$C$101",如图 4-3-8 所示。

(5)将鼠标移动到 J3 单元格右下方,显示出黑色的十字填充柄,按住鼠标左键向下拖动至 J6 单元格,利用 Excel 自动填充功能在 J4:J6 单元格区域中复制 J3 单元格中的函数表达式,再将其中的"信息工程系"分别改为"电子系""机械工程系"和"自动化系",完成各个系部人数的统计。用同样的方法完成其他三张表格数据的计算,如图 4-3-9 所示。

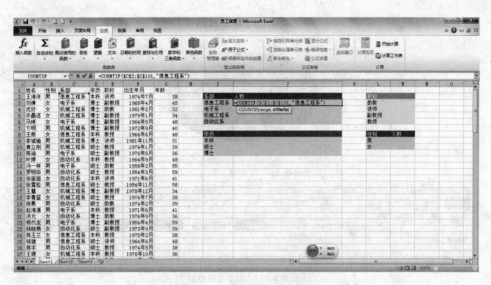

图 4-3-8 绝对引用地址设置

图 4-3-9 各数据计算完成结果

任务三 制作各项数值的图表

有时候表格数据太多导致不够直观,因此使用 Excel 的图表制作功能,将表格中计算出来的数值用饼图等表示出来。

操作步骤如下:

(1)选中 I2:J6 单元格区域,单击"插入"选项卡中"图表"组中的"饼图"按钮,在下拉菜单中选择"三维饼图",制作图表,如图 4-3-10 所示。

图 4-3-10 插入图表

(2)将图表的标题修改为"各系部人数统计图",设置适合的图表样式,如图 4-3-11 所示。

(3)如果需要修改图表类型,可以单击生成的图表,在"设计"选项卡中的"类型"组中单击"更改图表类型"按钮,或者使用"图表布局"和"图标样式"组等功能对图表进行颜色和样式的修改,如图 4-3-12 所示。

各系部人数统计图

图 4-3-11　各系部人数统计图

图 4-3-12　更改图表类型

（4）右击图表的数据部分，在弹出的快捷菜单中，也可以设置图表数据的标签和系列格式，如数字、填充和边框等，如图 4-3-13 和图 4-3-14 所示。

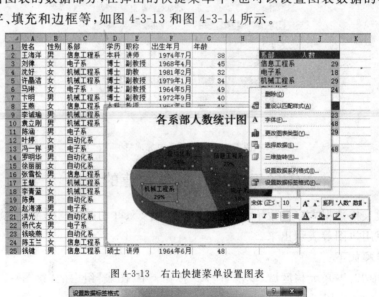

图 4-3-13　右击快捷菜单设置图表

图 4-3-14　"设置数据标签格式"对话框

（5）用同样的方法完成"各职称人数统计图""学历人数统计图"和"男女人数统计图"等图表。

项目总结

各单位的人事部门常常需要把记录的数据进行分析，统计出各个职称、年龄和学历等内容的数据，并生成比例图。我们可以使用一些较高级的函数来完成这一操作，并且能够通过这些函数的学习举一反三，掌握更多其他函数的使用方法。

拓展延伸

1. 跨表引用

在 Excel 中无论是函数还是公式计算，常常需要引用其他工作表的数据。与引用的同一张表格数据不同，跨表引用的表达式会在单元格的前面出现"!"的字样。

例如，在"Sheet2"工作表的 F5 单元格中有表达式"＝SUM(原始数据! D3：D18)"，指的就是对"原始数据"工作表中的 D3 到 D18 单元格数据的求和。

如果用鼠标操作，可以先单击"Sheet2"工作表的 F5 单元格，单击"公式"选项卡中的"函数库"组中的"Σ"按钮自动求和，如图 4-3-15 所示。

图 4-3-15 打开"函数库"

然后单击"原始数据"工作表标签，选择 D3 到 D18 单元格，按 Enter 键完成计算。

2. 跨工作簿引用

有时候计算需要引用不同工作簿中的数据，Excel 可以通过输入表达式的方式来解决这个问题。

例如，在打开的工作表的某个单元格中输入"＝SUM('E:\各种文档\[成绩单]Sheet1'! C3：C12)"，指的就是在当前表格中计算 E 盘根目录下"各种文档"文件夹里的"成绩表"工作簿中"Sheet1"工作表的 C3 到 C12 单元格数据的和。

3. 复杂函数介绍

除了常见的求和、求平均值、最大值、最小值、计数和 IF 等函数之外，还有一些函数也是经常用到的。

（1）COUNTA

COUNTA 函数的功能是计算区域中非空单元格的数目。

（2）COUNTIF

COUNTIF 函数的功能是计算某个区域中给定条件的单元格数目。

（3）SUMIF

SUMIF 函数的功能是对满足条件的单元格求和。

自我练习

打开素材文件夹中的"竞赛成绩统计表.xlsx"工作簿,根据学习本项目所掌握的知识,完成如图 4-3-16 所示的竞赛成绩统计表的计算。

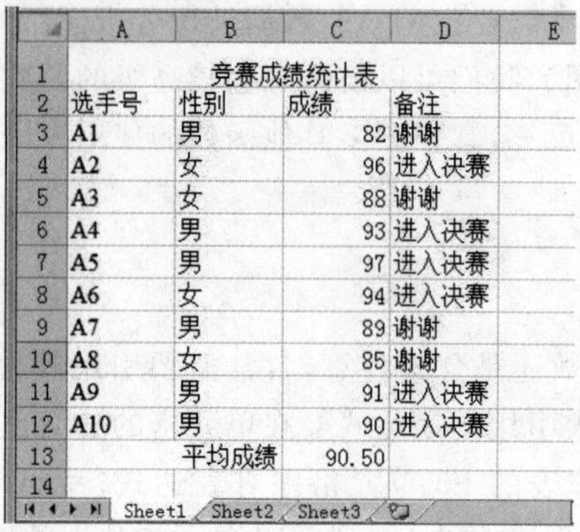

	A	B	C	D	E
1		竞赛成绩统计表			
2	选手号	性别	成绩	备注	
3	A1	男	82	谢谢	
4	A2	女	96	进入决赛	
5	A3	女	88	谢谢	
6	A4	男	93	进入决赛	
7	A5	男	97	进入决赛	
8	A6	女	94	进入决赛	
9	A7	男	89	谢谢	
10	A8	女	85	谢谢	
11	A9	男	91	进入决赛	
12	A10	男	90	进入决赛	
13		平均成绩	90.50		
14					

图 4-3-16   竞赛成绩统计表

项目四   图书订购单数据分析

项目分析

【项目说明及解决方案】

在工作中,我们除了使用 Excel 计算工作表的数据之外,还经常需要对其中的数据进行处理。例如,根据条件筛选出满足条件的记录、汇总出不同类别的数据项。

本项目将图书订购单的数据复制出相同的表格,根据几个条件筛选出记录,汇总出每个专业书籍的字数和价格。

【学习重点与难点】

• Excel 数据筛选的方法

• 分类汇总处理数据

项目实施

任务一   复制表格

图书馆订购单的数据较多,我们要根据不同的需要筛选出各种信息,因此先复制原始表格备用。

操作步骤如下:

(1)打开素材文件夹中的"图书订购单.xlsx"工作簿,右击工作表"订购单"的标签,在弹出的快捷菜单中选择"移动或复制工作表",弹出"移动或复制工作表"对话框,选择"移至最后",勾选"建立副本"复选框,单击【确定】按钮复制工作表,如图4-4-1所示。

图 4-4-1　"移动或复制工作表"对话框

(2)重复复制 4 张工作表,将这 5 张工作表分别命名为"医药和计算机""价格 20~30""字数最多的 5 本""机制"和"分类汇总",如图 4-4-2 所示。

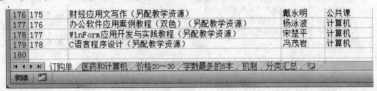

图 4-4-2　重命名工作表

任务二　对表格数据进行不同要求的筛选

所谓筛选指的是设定条件,将满足条件的数据显示出来,而把不满足条件的数据隐藏起来。下面将根据设定的条件完成各种要求的筛选来掌握常用的文本筛选和数字筛选的方法。

操作步骤如下:

(1)我们对表格数据进行处理,筛选出"医药卫生"和"计算机"专业的书籍。在"医药和计算机"工作表中,选中表格中标题的任意单元格,单击"开始"选项卡中"编辑"组的"排序和筛选"按钮,在下拉菜单中选择"筛选",如图4-4-3所示。

图 4-4-3　选择"筛选"命令

(2)单击"专业类别"右侧的下拉按钮,在下拉菜单中勾选"计算机"和"医药卫生"两个复选框。单击【确定】按钮,这两个专业的书籍将被筛选出来,如图 4-4-4 和图 4-4-5 所示。

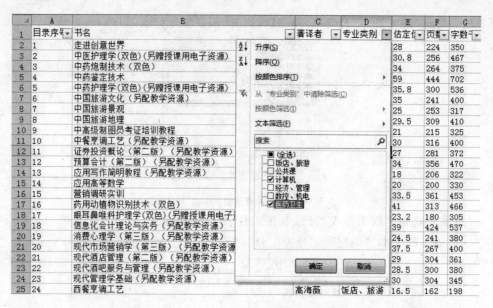

图 4-4-4　勾选"医药卫生"和"计算机"复选框

图 4-4-5　两个选项筛选结果

（3）我们对表格进行数字筛选，找出"估定价"在 20～30 元的书籍。在"价格 20～30"工作表中选择"排序和筛选"命令，在"估定价"的下拉菜单中选择"数字筛选"二级菜单中的"自定义筛选"命令，如图 4-4-6 所示。

（4）在弹出的"自定义自动筛选方式"对话框中设定估定价的值是"大于或等于 20"和"小于或等于 30"两个条件，单击【确定】按钮，筛选出价格在 20～30 元的书籍，如图 4-4-7 和图 4-4-8 所示。

（5）继续使用"数字筛选"，找出字数最多的 5 本书。在"字数最多的 5 本"工作表中选择"排序和筛选"命令，在"字数"的下拉菜单中选择"数字筛选"二级菜单中的"10 个最大的值"命令，如图 4-4-9 所示。

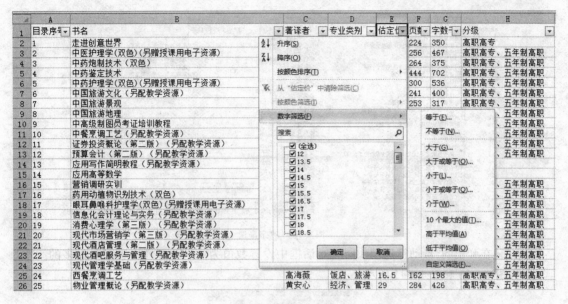

图 4-4-6　自定义筛选

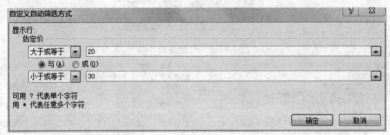

图 4-4-7　自定义筛选设置数值条件

	A	B	C	D	E	F	G
1	目录序号	书名	著译者	专业类别	估定价	页数	字数干
2	1	走进创意世界	王兆明 等	公共课	28	224	350
8	7	中国旅游景观	张志宇	饭店、旅游	25	253	317
9	8	中国旅游地理	尤陶江	饭店、旅游	29.5	309	410
10	9	中高级制图员考证培训教程	朱凤军	数控、机电	21	215	325
11	10	中餐烹调工艺（另配教学资源）	刘致良	饭店、旅游	30	316	400
12	11	证券投资概论（第二版）（另配教学资源）	高建宁	经济、管理	27	281	372
15	14	应用高等数学	陆宜清	公共课	20	200	330
18	17	眼耳鼻喉科护理学(双色)(另赠授课用电子资源)	席淑新	医药卫生	23.2	180	305
20	19	消费心理学（第三版）（另配教学资源）	杨海莹	经济、管理	24.5	241	380
22	21	现代酒店管理（第二版）（另配教学资源）	徐桥猛	饭店、旅游	29	304	361
23	22	现代酒吧服务与管理（另配教学资源）	熊国铭	饭店、旅游	28.5	300	380
24	23	现代管理学基础（另配教学资源）	汪雪兴	经济、管理	30	304	345
26	25	物业管理概论（另配教学资源）	黄安心	经济、管理	29	284	426
27	26	物流运输管理（另配教学资源）	喻小贤	经济、管理	25.5	263	319
28	27	物流市场营销（另配教学资源）	杨明	经济、管理	25	260	317
30	29	物流管理基础（配盘）	储雪俭	经济、管理	28.5	232	281
31	30	物流管理（另配教学资源）	刘斌	经济、管理	20.5	208	253
32	31	文秘写作（另配教学资源）	张耀辉	公共课	22	265	410
34	33	网络综合布线实践教程（另配教学资源）	过梦旦	计算机	24	245	380
35	34	网络互联通信技术基础教程（另配教学资源）	丁慧洁	计算机	22.5	240	450
37	36	田径运动	周瑶	公共课	30	320	390
42	41	数控加工编程与操作	王志平	数控、机电	22	225	340
43	42	数控机床	李立	数控、机电	20	208	313
45	44	市场营销学实训	王妙	经济、管理	28.5	305	382

图 4-4-8　价格在 20～30 元的书籍

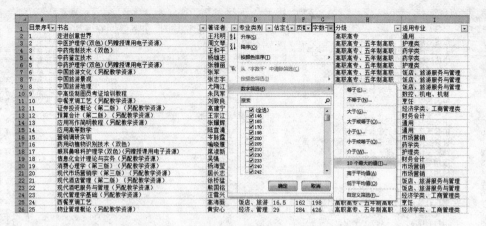

图 4-4-9　数字筛选

（6）在弹出的"自动筛选前 10 个"对话框中设置数值为"5"，即可刷选出字数最多的 5 本书，如图 4-4-10 和图 4-4-11 所示。

图 4-4-10　设置最大 5 项

	目录序号	书名	著译者	专业类别	估定价	页数	字数	分级
5	4	中药鉴定技术	杨雄志	医药卫生	59	444	702	高职高专、五年制
36	35	外科护理学（双色）（另赠授课用电子资源）	蒋红	医药卫生	57	520	935	高职高专、五年制
58	57	内科护理学（双色）（另赠授课用电子资源）	陈淑英	医药卫生	49.8	432	763	高职高专、五年制
97	96	计算机文化基础	刘伟	计算机	39.5	250	688	高职高专
121	120	护理学基础（双色）（另赠授课用电子资源）	桑未心	医药卫生	45.6	400	711	高职高专、五年制
180								

图 4-4-11　字数最多的 5 本

（7）利用"文本筛选"命令，找到适合"机制"专业的书籍。在"机制"工作表中选择"排序和筛选"命令，在"适用专业"的下拉菜单中选择"文本筛选"二级菜单中的"包含"命令，如图4-4-12 所示。

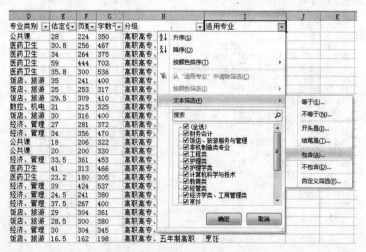

图 4-4-12　文本筛选

(8)在弹出的"自定义自动筛选方式"对话框中,在"包含"条件中输入"机制",单击【确定】按钮,筛选出机制专业适用的书籍,如图 4-4-13 和图 4-4-14 所示。

图 4-4-13　在"包含"条件中输入"机制"

▲	C	D	E	F	G	H	I
1	著译者 ▼	专业类别 ▼	估定价 ▼	页数 ▼	字数 ▼	分级 ▼	适用专业 ▼
10	朱凤军	数控、机电	21	215	325	高职高专、五年制高职	数控、机电、机制
40	王荣兴	数控、机电	32	343	513	高职高专、五年制高职	数控、机电、机制
41	丛文龙	数控、机电	15.5	150	230	高职高专、五年制高职	数控、机电、机制
42	王志平	数控、机电	22	225	340	高职高专、五年制高职	数控、机电、机制
43	李立	数控、机电	20	208	313	高职高专、五年制高职	数控、机电、机制
60	张永江	数控、机电	31	329	490	高职高专、五年制高职	数控、机电、机制
72	李乃夫	数控、机电	23	196	302	高职高专、五年制高职	数控、机电、机制
84	王茂元	数控、机电	17	167	265	高职高专、五年制高职	数控、机电、机制
86	刘培德	数控、机电	19.5	194	309	高职高专、五年制高职	数控、机电、机制
98	张启光	数控、机电	24	189	400	高职高专、五年制高职	数控、机电、机制
107	吴安德	数控、机电	33.5	351	556	高职高专、五年制高职	数控、机电、机制
108	何七荣	数控、机电	35	320	495	高职高专、五年制高职	数控、机电、机制
109	何七荣	数控、机电	29	304	460	高职高专、五年制高职	数控、机电、机制
110	钱可强	数控、机电	23.5	226	240	高职高专、五年制高职	数控、机电、机制
111	钱可强	数控、机电	35	277	420	高职高专、五年制高职	数控、机电、机制
112	栾学钢	数控、机电	31	324	517	高职高专、五年制高职	数控、机电、机制
113	朱鹏超	数控、机电	28	290	459	高职高专、五年制高职	数控、机电、机制

图 4-4-14　机制专业适用的书籍

任务三　使用分类汇总命令统计数据项

分类汇总分为分类和汇总两个部分。所谓分类是根据有关的条件进行排序,包括升序和降序,而汇总则是根据分类字段进行求和与求平均等计算。我们将通过分类汇总统计出各个专业书籍的"估定价""页数"和"字数"的平均值。

操作步骤如下:

(1)单击"专业类别"单元格,选择"数据"选项卡中"排序和筛选"组中的"降序"(或升序)图标对"专业类别"所在的列进行排序,如图 4-4-15 所示。

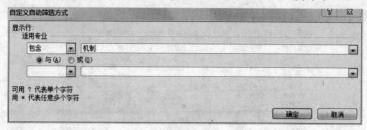

图 4-4-15　数据排序

（2）单击"分级显示"组中的"分类汇总"按钮，在弹出的"分类汇总"对话框中进行设置，"分类字段"选择"专业类别"，"汇总方式"选择"平均值"，"选定汇总项"选择"估定价""页数"和"字数千"等选项，如图 4-4-16 所示。

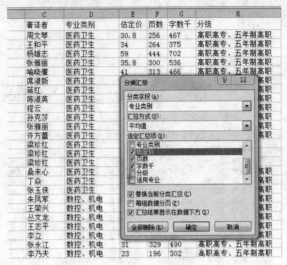

图 4-4-16　分类汇总设置

（3）单击【确定】按钮，显示分类汇总结果在每一个专业类别的下方，如图 4-4-17所示。

著译者	专业类别	估定价	页数	字数千	分级
周文琴	医药卫生	30.8	256	467	高职高专、五年制高职
王和平	医药卫生	34	264	375	高职高专、五年制高职
杨雄志	医药卫生	59	444	702	高职高专、五年制高职
张雅丽	医药卫生	35.8	300	536	高职高专、五年制高职
喻晓雁	医药卫生	41	313	466	高职高专、五年制高职
席淑新	医药卫生	23.2	180	305	高职高专、五年制高职
蒋红	医药卫生	57	520	935	高职高专、五年制高职
陈淑英	医药卫生	49.8	432	763	高职高专、五年制高职
程云	医药卫生	21.9	168	286	高职高专、五年制高职
孙克莎	医药卫生	24	188	329	高职高专、五年制高职
张雅丽	医药卫生	38.9	328	584	高职高专、五年制高职
许方蕾	医药卫生	34.8	292	512	高职高专、五年制高职
梁珍红	医药卫生	15	107	165	本科、高职高专
梁珍红	医药卫生	25	205	310	本科、高职高专
梁珍红	医药卫生	41	410	614	本科、高职高专
桑未心	医药卫生	45.6	400	711	高职高专、五年制高职
丁焱	医药卫生	31.3	260	477	高职高专、五年制高职
张玉侠	医药卫生	38.5	324	578	高职高专、五年制高职
医药卫生 平均值		**35.922**	**300**	**506.39**	
朱凤军	数控、机电	21	215	325	高职高专、五年制高职
王荣兴	数控、机电	32	343	513	高职高专、五年制高职
丛文龙	数控、机电	15.5	150	230	高职高专、五年制高职
王志平	数控、机电	22	225	340	高职高专、五年制高职
李立	数控、机电	20	208	313	高职高专、五年制高职
张永江	数控、机电	31	329	490	高职高专、五年制高职

图 4-4-17　分类汇总结果

（4）由于表格数据较多，查看不方便，可以单击表格左上角的符号"2"，只显示分类汇总的结果，而将其他数据隐藏起来。若需要全部显示，再单击表格左上角的符号"3"即可，如图 4-4-18 所示。

（5）如果需要去掉分类汇总的结果，可以再次打开"分类汇总"对话框，单击【全部删除】按钮即可。

图 4-4-18 折叠查看分类汇总

项目总结

数据的分析与处理是 Excel 中比较常用的部分,但也是 Excel 表格操作中较复杂的部分。通常有筛选、分类汇总等几个操作命令。通过这些操作,我们可以通过简单的数据提炼出所需要的内容。

拓展延伸

在 Excel 工作表中,我们通常把每一列称为字段,每一行称为记录,而标题行则称为字段名。通过函数和公式的计算,我们已经可以完成对表格数据的处理。除此之外,我们还可以对表格数据进行下一步分析。常用的数据分析的方法有数据排序和筛选、分类汇总和数据透视表等。

1. 排序

Excel 2010 排序在 2003 的版本之上有了很大的提高。比如,在"排序"对话框中,可以最多同时设置 64 个排序的关键字。此外,按颜色排序等新增的方式都给我们进行数据分析带来了便捷。

2. 筛选

Excel 2010 的筛选常用的有文本筛选和数值筛选,相对较为简单,可设置的筛选条件较少。如果需要有多个筛选条件,可以使用"数据"选项卡中"排序和筛选"组中的"高级"命令来操作。

3. 分类汇总

分类汇总可以快速地对表格数据进行分类别的统计计算。同学们在操作时往往会遗忘一个重要的操作,就是在使用分类汇总命令之前,首先要把汇总的分类项作为关键字进行排序,一般升序或者降序都可以,然后再使用分类汇总命令,在对话框中进行各种内容的设置。

自我练习

打开素材文件夹中的"某 IT 公司某年人力资源情况表. xlsx"工作簿,根据学习本项目所掌握的知识,完成如图 4-4-19 所示的人力资源情况表的计算。

图 4-4-19 人力资源情况表

模块五 PowerPoint 2010 电子演示文稿制作

PowerPoint 2010 是 Microsoft 公司推出的 Office 系列产品之一,主要用于制作和播放被称为演示文稿的电子版幻灯片。它提供了一种生动活泼、图文并茂的交流手段,用户可以通过色彩艳丽、动感十足的演示画面,生动形象地表现主题、展现创意或者阐述自己的观点。演示文稿不仅可以在计算机上播放,还可以打印出来,制作成幻灯胶片,在多领域应用广泛。

用 PowerPoint 可以非常方便地把文字、图像、视频和动画等集合在一起,制作成具有多种交互功能的多媒体教学课件和商业汇报展示材料。由于 PowerPoint 操作简单,支持的媒体较多,加之对计算机硬件和软件要求不高,已经成为政府、商业和教育领域进行汇报的首选工具软件。

项目一 新生入学专业介绍

项目分析

【项目说明及解决方案】

每年 9 月,新生入学报道,学生和家长都希望能够对所选专业有初步的了解,包括专业所学的课程内容和未来就业的基本方向等。使用 PPT 制作"新生入学专业介绍"可以有重点地将文字和图片信息进行组合,还可以通过"新生入学专业介绍"的制作掌握演示文稿的创建、打开和保存,以及幻灯片的基本编辑、插入文字和图片的基本方法及幻灯片的放映,以便对专业介绍内容进行图文并茂地展示,同时通过 PPT 的展示也可以查看专业的主要方向和核心特点,从而使简单的专业介绍变得耳目一新,令人印象深刻。

演示文稿的制作,一般有下面几个操作步骤:

(1)准备素材:主要是准备演示文稿中所需要的一些图片、声音和动画等文件。

(2)确定方案:对演示文稿的整个构架做一个设计。

(3)初步制作:将文本和图片等对象输入或插入到相应的幻灯片中。

(4)装饰处理:设置幻灯片中相关对象的要素(包括字体、大小和动画等),对幻灯片进行装饰处理。

(5)预演播放:设置播放过程中的一些要素,然后播放查看效果,满意后正式输出播放。

【学习重点与难点】

- 中文 PowerPoint 软件的功能、运行环境、启动和退出
- 演示文稿的创建、打开和保存
- 演示文稿视图的使用、幻灯片的文字编排、图片的插入方法、图片的处理和调整方法以及模板的使用方法

项目实施

任务一　PowerPoint 演示文稿的创建

学习制作演示文稿，首先需要学习的是如何创建演示文稿。在日常操作中，创建 PPT 演示文稿有多种方法。本任务使用"新建空白演示文稿"的方法来创建演示文稿。

操作步骤如下：

（1）双击桌面上的 PowerPoint 2010 图标，启动 PowerPoint 2010 程序，PowerPoint 基本操作界面和功能区域如图 5-1-1 所示。

图 5-1-1　PowerPoint 基本操作界面介绍

PowerPoint 程序启动后，随即打开一个空白演示文稿，其中，幻灯片窗格是主要的工作区域，可以编辑幻灯片的具体内容；幻灯片缩略图/大纲窗格中可以对每一张幻灯片的缩略图或者文字提纲进行查看；任务窗格中显示目前正在进行的任务操作；备注区内则是为指定幻灯片添加文字讲解备注，作为汇报内容提示。

PowerPoint 中主要有两种不同查看演示文稿的方法，一种为演示文稿视图方式，另一种为母版视图方式。其中，演示文稿视图分为四种不同的视图，即普通视图、幻灯片浏览视图、备注页视图和阅读视图；母版视图分为幻灯片母版、讲义母版和备注母版三种不同的视图。切换视图的方法主要是在选项卡栏中选择"视图"选项卡，然后选择相应视图。下面简单介绍一下幻灯片浏览视图和阅读视图。

①幻灯片浏览视图

在浏览视图下，可以同时看到演示文稿中的所有幻灯片，以缩略图的形式展现，可以很容易地进行插入、复制、移动、删除和粘贴等简单操作，还可以预览幻灯片切换、动画和排练时间等效果，但是并不能够修改单张幻灯片中的具体内容。

②阅读视图

在阅读视图下,窗口以全屏的形式显示幻灯片的内容和动画效果,此视图下的效果就是最终的展示效果。

(2)选择"文件"选项卡,单击"新建"菜单,选择"空白演示文稿",如图 5-1-2 所示。

图 5-1-2　新建空白演示文稿

在新建面板中,有六种新建演示文稿的方式,其中最常用的是"空白演示文稿""样本模板"和"主题"三种创建方法。"空白演示文稿"即创建空白演示文稿,内容和版式都需要自己添加和选择;"样本模板"则为使用者提供了几种不同类型的模板,方便基础用户使用;"主题"可以根据 Office 自带的模板进行主体化创建,获得更好的视觉效果。另外,如果用户有自己的模板,可以通过"我的模板"和"根据现有内容新建"来进行创建。

三种最常用的创建方法具体操作步骤如下:

①创建"空白演示文稿"

选择"文件"选项卡中的"新建"菜单,在右侧单击"空白演示文稿"选项,选择一种需要的版式创建演示文稿。

②使用"样本模板"创建

选择"文件"选项卡中的"新建"菜单,在右侧单击"样本模板"选项,在"可用的模板或主题"列表中选择所需版式。常用的模板和主题主要有相册、宽屏演示文稿、培训、项目报告、宣传手册和小测验短片等。

③使用"主题"创建

选择"文件"选项卡中的"新建"菜单,在右侧单击"主题"选项,在任务窗格内的"应用设计模板"列表中选择所需版式。

(3)在新建的演示文稿工作区中单击"单击此处添加标题",输入"网络系统管理专业介绍",如图 5-1-3 所示。

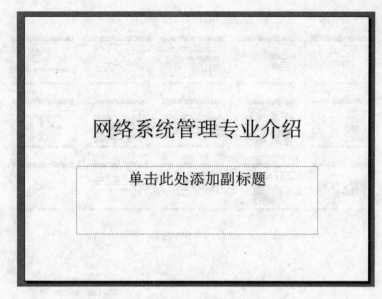

图 5-1-3　输入演示文稿首页标题

"单击此处添加标题""单击此处添加副标题"和"单击此处添加文本"等在 PowerPoint 中属于文字占位符，从放映效果上看和文本框一样，但文字占位符有其自身的特点。在占位符中输入文字，大纲窗格中会同时显示，在文本框中输入字符，大纲中不同时显示。这样，可以方便用户对演示文稿当中的文字进行复制，将内容保存到 Word 文档中。

（4）单击标题栏上的"保存"按钮，将工作簿保存，文件命名为"新生入学专业介绍.pptx"。

提示：PowerPoint 2010 标准演示文稿的扩展名为".pptx"，其他常用的文件类型有 PowerPoint 模板（*.potx）和 PowerPoint 放映（*.ppsx），而为了体现对低版本软件的兼容性，2010 中还提供了保存为 PowerPoint 97-2003 演示文稿（*.ppt）、PowerPoint 97-2003 模板（*.pot）和 PowerPoint 97-2003 放映（*.pps）。另外，PowerPoint 2010 中新增加了对 PDF（*.pdf）和 Windows Media 视频（*.wmv）的支持，极大程度地方便了用户跨平台使用和阅读。

任务二　插入文字、图片信息

在插入文字和图片信息的过程中，需要熟练掌握幻灯片的新建、移动和删除等基本编辑操作，同时将字体和段落设置全部完成，再通过对幻灯片版式的使用使幻灯片看起来更加整齐统一，添加图片时同样需要注意图片的尺寸和位置。

操作步骤如下：

（1）打开"文字内容.txt"文件，同时打开"样张.jpg"图片，效果如图 5-1-4 所示，对照"样张.jpg"的具体效果开始制作。

（2）在 PowerPoint 中新建一张幻灯片，可使用快捷键"Ctrl＋M"，或单击"开始"选项卡中"幻灯片"组中的"新建幻灯片"按钮，或右击幻灯片缩略图空白处，在弹出的快捷菜单中选择"新建幻灯片"命令,共三种方法,如图 5-1-5 和图 5-1-6 所示。

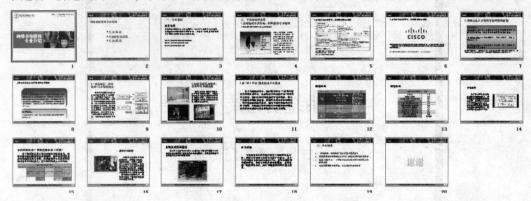

图 5-1-4　样张效果

图 5-1-5　"开始"选项卡中"新建幻灯片"按钮

图 5-1-6　右击"新建幻灯片"菜单

提示:在创建幻灯片以后,根据所要制作的幻灯片需要,在"开始"选项卡中"幻灯片"组中的"版式"下拉菜单中可以选择幻灯片的版式。

(3)在第 2 张幻灯片中的标题处输入"网络系统管理专业介绍",并将"文字内容.txt"中相应的内容复制到文本内容处,在这里可以用项目符号和编号进行修饰,效果如图 5-1-7 所示。

(4)新建第 3 张幻灯片,在第 3 张幻灯片中的标题处输入"一、专业概况",并将"文字内容.txt"中相应的内容复制到文本内容处,效果如图 5-1-8 所示。

(5)新建第 4 张幻灯片,在第 4 张幻灯片中的标题处"二、专业建设和改革",并将"文字内容.txt"中相应的内容复制到文本内容处。切换到"插入"选项卡,单击"图像"组中的"图片"按钮,选择"图片 1.jpg"插入到幻灯片中,并调整大致位置,效果如图 5-1-9 所示。

(6)重复前面步骤制作第 5 张和第 6 张幻灯片,参考"样张.jpg",将"文字内容.txt"中的内容复制到相应幻灯片中,插入相应图片,并设置每一页的字体大小和颜色,效果如图 5-1-10 所示。

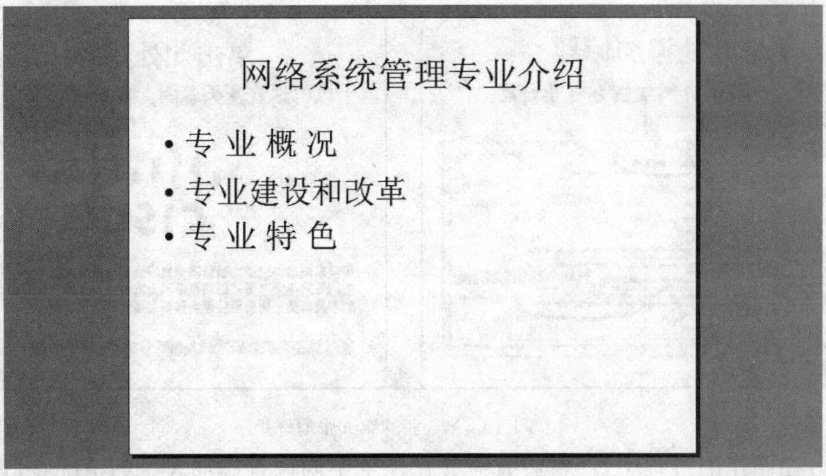
网络系统管理专业介绍
• 专 业 概 况
• 专业建设和改革
• 专 业 特 色

图 5-1-7　第 2 张幻灯片

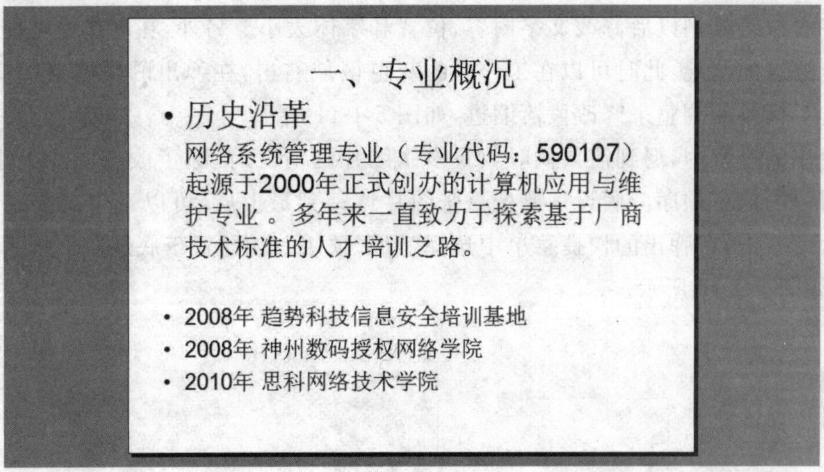
一、专业概况
• 历史沿革
网络系统管理专业（专业代码：590107）起源于2000年正式创办的计算机应用与维护专业 。多年来一直致力于探索基于厂商技术标准的人才培训之路。
• 2008年 趋势科技信息安全培训基地
• 2008年 神州数码授权网络学院
• 2010年 思科网络技术学院

图 5-1-8　第 3 张幻灯片

二、专业建设和改革
1.以市场就业为导向，科学规划专业设置
中华英才网发布互联网行业人才研究报告
计算机·网络·技术类
销售类
客户服务类
经营管理类
市场·公关·媒介类
行政·后勤类
项目管理类
人力资源
其他
15.9%
6.2%
5.9%
3.4%
3.1%
2.8%
2.1%
国家人事部预测：未来5年，我国对从事网络建设、网络应用和网络服务等新型网络人才的需求将达到60万-100万人，供需缺口十分巨大。 其中江苏省对网络人才的年需求总量为2万人。
通过调研：在工信部进行资质认证的江苏省系统集成商有近两百家，其中南京达九十多家。

图 5-1-9　第 4 张幻灯片

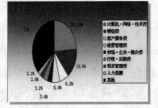

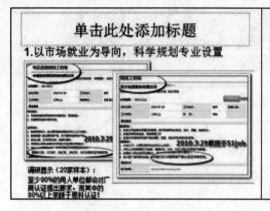

图 5-1-10　第 5 张和第 6 张幻灯片

提示：在制作的过程中，经常会有需要在多个不同位置添加文字的情况，可以通过"插入"选项卡中"文本"组中的"文本框"菜单来进行添加（分为水平和垂直两种），或者直接将现有文字占位符复制以后修改文字内容、位置和字体大小。另外，在制作中可能出现成段文字悬挂缩进的情况，此时可以在工作区的灰色区域右击，在弹出的快捷菜单中选择"标尺"，通过对标尺的调整来修改段落缩进，如图 5-1-11 所示。

在制作的过程中，遇到需要同时放置多张图片的情况时，除了改变图片大小以外，可以调整图片的前后顺序。假设需要把一张图片调整到最上层，可以选中需要调整前后顺序的图片后右击，在弹出的快捷菜单中选择"置于顶层"或者"置于底层"命令，其他情况依此类推，如图 5-1-12 所示。

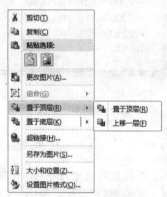

图 5-1-11　"标尺"菜单　　　图 5-1-12　"置于顶层"菜单

（7）新建第 7 张幻灯片，参考"样张.jpg"，将"文字内容.txt"中相应的内容复制到文本内容处并稍做调整，将"调研结果："至"Web 应用开发工程师。"的文字置于一个独立的文本框中，然后选中文本框右击，在弹出的快捷菜单中选择"设置形状格式"命令，弹出"设置形状格式"对话框。在"填充"选项卡中选择"渐变填充"，在"预设颜色"中选择"雨后初晴"样式，按照图片样式调整渐变效果，然后切换至"线条颜色"选项卡，设置线条颜色为黑色，然后切换至"线条"选项卡，设置线条为 0.75 磅、单线。效果如图 5-1-13、图 5-1-14 和图 5-1-15 所示。

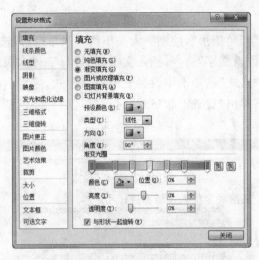

设置形状格式
填充
线条颜色
线型
阴影
映像
发光和柔化边缘
三维格式
三维旋转
图片更正
图片颜色
艺术效果
裁剪
大小
位置
文本框
可选文字
填充
无填充(N)
纯色填充(S)
渐变填充(G)
图片或纹理填充(P)
图案填充(A)
幻灯片背景填充(B)
预设颜色(R):
类型(Y): 线性
方向(D):
角度(E): 90°
渐变光圈
颜色(C)
位置(O): 0%
亮度(I): 0%
透明度(T): 0%
与形状一起旋转(W)
关闭

图 5-1-13 设置填充效果

设置形状格式
填充
线条颜色
线型
阴影
映像
发光和柔化边缘
三维格式
三维旋转
图片更正
图片颜色
艺术效果
裁剪
大小
位置
文本框
可选文字
线型
宽度(W): 0.75 磅
复合类型(C):
短划线类型(D):
线端类型(A): 平面
联接类型(J): 斜接
箭头设置
前端类型(B):
后端类型(E):
前端大小(S):
后端大小(N):
关闭

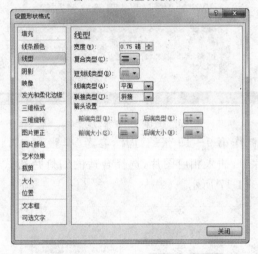

图 5-1-14 线型设置

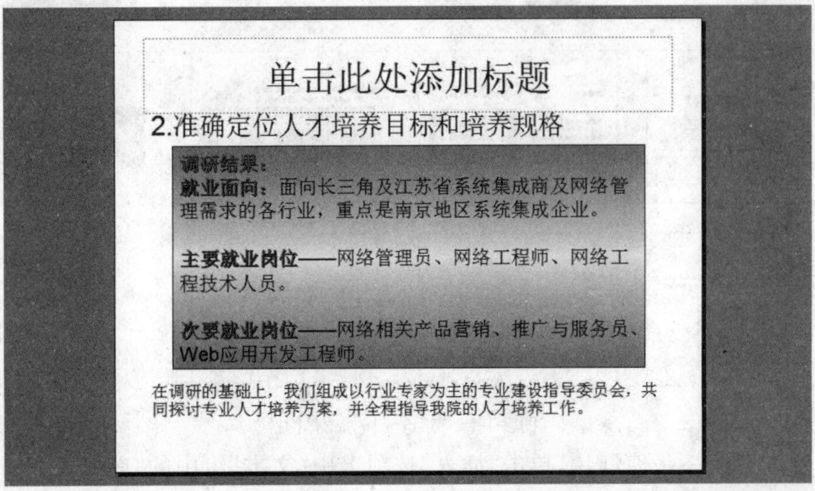
单击此处添加标题
2.准确定位人才培养目标和培养规格
调研结果：
就业面向：面向长三角及江苏省系统集成商及网络管理需求的各行业，重点是南京地区系统集成企业。
主要就业岗位——网络管理员、网络工程师、网络工程技术人员。
次要就业岗位——网络相关产品营销、推广与服务员、Web应用开发工程师。
在调研的基础上，我们组成以行业专家为主的专业建设指导委员会，共同探讨专业人才培养方案，并全程指导我院的人才培养工作。

图 5-1-15 第 7 张幻灯片

（8）新建第8张幻灯片，输入标题文字，单击"插入"选项卡中"插图"组中的"形状"命令，在下拉菜单中选择"圆角矩形"，绘制一大一小两个圆角矩形，选中圆角矩形右击，在弹出的快捷菜单中选择"编辑文字"命令，插入文字，并进行字体和段落调整，保持选中状态双击，在"绘图工具"的"格式"选项卡中设置三维效果样式，然后右击，在弹出的快捷菜单中选择"设置形状格式"弹出"设置形状格式"对话框。填充颜色调整为双色渐变，调整完后效果如图5-1-16所示。

图5-1-16　第8张幻灯片

（9）重复前面步骤制作第9～19张幻灯片，参考"样张.jpg"，将"文字内容.txt"中的内容复制到相应幻灯片中，插入相应图片，选择合适的幻灯片版式，并设置每一页的字体大小和颜色，效果如图5-1-17所示。

图5-1-17　第9～19张幻灯片

（10）新建最后一张幻灯片，单击"插入"选项卡中"文本"组中的"艺术字"按钮，在下拉菜单中选择艺术字样式"填充-黑色，文本2，轮廓-背景2"，在提示处输入"谢谢"，选择字

体为 96 号，取消加粗效果，然后在"格式"选项卡中"艺术字样式"组中选择【文本填充】|【渐变】|【其他渐变】，在弹出的"设置文本效果格式"对话框中选择"文本填充"选项卡，选择预设效果中的"彩虹出岫"，调整角度为"180 度"，再切换到"阴影"选项卡，将"预设"阴影效果设置为"左上对角透视"，最后单击【关闭】按钮，效果如图 5-1-18～图 5-1-22 所示。

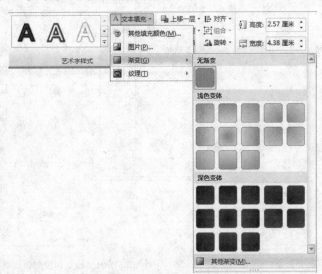

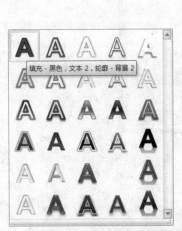

图 5-1-18　插入艺术字　　　　　　　　　　　图 5-1-19　选择文本填充渐变

图 5-1-20　添加预设渐变效果

任务三　为演示文稿添加超链接

在实际的演示文稿讲解过程中，经常需要超链接到文档的指定位置或文件，因此就有了超链接的使用。超链接分为四种不同方式，即原有文件或网页、本文档中的位置、新建文档和电子邮件地址，其中最常用的是前两种方式。超链接也会和"动作按钮"结合使用，在这里为了制作目录效果，我们选择链接到本文档中的位置。

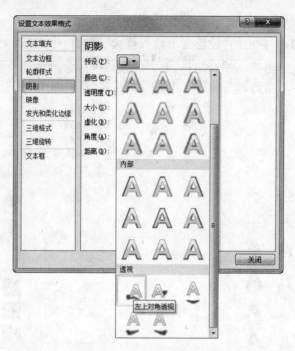

图 5 1 21　添加预设阴影效果

图 5-1-22　艺术字添加完成

操作步骤如下：

在幻灯片窗格中选择第 2 张幻灯片，选中"专业概况"后右击，在弹出的快捷菜单中选择"超链接"命令，打开"插入超链接"对话框，选择"本文档中的位置"，找到对应的第 3 张幻灯片"一、专业概况"，查看右侧的"幻灯片预览"，确认无误后，单击【确定】按钮。重复上述方法，为第 2 张幻灯片中的"专业建设和改革"和"专业特色"添加超链接，操作过程如图 5-1-23 和图 5-1-24 所示。

图 5-1-23 插入超链接

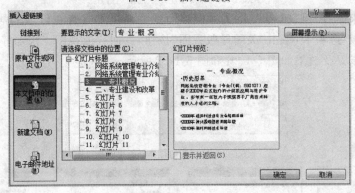

图 5-1-24 链接到第 3 张幻灯片

提示：如果超链接要指向某一个指定的网址，需要在"插入超链接"对话框中选择"原有文件或网页"，并将具体的网址（如 http://www.baidu.com）完整写入"地址"文本框中，然后单击【确定】按钮。

任务四 更换演示文稿模板和修改母版

在实际使用演示文稿的过程中，经常会发现网络上有很多优秀的模板可以使用，使用合适的模板，对于演示文稿的制作也可以增色不少。另一方面，有时候需要在演示文稿中的每一页幻灯片中插入相同的文字或者图片，可以使用 PowerPoint 软件中的母版工具。

操作步骤如下：

（1）选择第 1 张幻灯片，切换到"设计"选项卡，可以看到 Office 自带的"主题"选择栏，打开"主题"下拉菜单，选择"浏览主题"命令，找到"网络专业介绍.potx"，单击【应用】按钮。

（2）单击第 2 张幻灯片，然后按住 Shift 键，再单击第 20 张幻灯片，这样就同时选中了第 2～20 张幻灯片，在"主题"栏中选择第一行第二个模板，如图 5-1-25 所示，然后微调所有幻灯片中文字和图片的位置。

（3）单击"视图"选项卡，选择"母版视图"组中的"幻灯片母版"菜单，进入幻灯片母版中，选择第一张模板，单击"插入"选项卡中的"图像"组中的"图片"按钮，选择"校标.jpg"，插入完成后将图片移动到左上角。再选择第二张模板，单击"插入"选项卡中"文本"组中的"文本框"按钮，添加文字"南京机电职业技术学院 信息工程系 网络系统管理专业介

图 5-1-25　将模板应用于选定幻灯片

绍",字体为"宋体、加粗、16 号",将文本框移动到页面最下方灰色区域并居中,然后切换到"幻灯片母版"选项卡,单击"关闭母版视图"按钮,返回普通视图。添加好模板和修改母版完成,操作步骤及效果如图 5-1-26 和图 5-1-27 所示。

图 5-1-26　打开幻灯片母版视图

图 5-1-27　模板添加及母版修改完成

提示:应用设计好的模板将统一改变演示文稿设计的字体和外观等,而一般使用者如果在模板的基础上,根据设计需要再次进行统一性的改变,就需要用到母版。另外,还可以根据制作的需要调整演示文稿的配色方案,如所有标题的颜色和超链接的颜色等,在"设计"选项卡中"主题"组中的"颜色"下拉菜单中可以进行设置。

任务五 设置幻灯片编号和日期

实际使用演示文稿时,经常需要查看当前幻灯片的编号以了解目前的演示进度。同时 PowerPoint 中也提供了添加汇报日期的功能,提高了汇报的细节质量。

操作步骤如下:

在"插入"选项卡中,单击"文本"组中的"日期和时间"按钮,打开"页眉和页脚"对话框,勾选"日期和时间"复选框,选择"自动更新",格式类型设置为"XXXX 年 X 月 X 日星期 X",然后勾选"幻灯片编号"和"标题幻灯片中不显示"复选框,单击【全部应用】按钮,如图 5-1-28 所示。

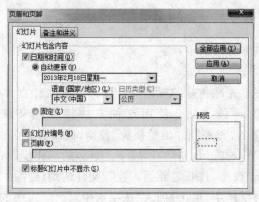

图 5-1-28 添加幻灯片编号和日期

提示:在 PowerPoint 中,无论单击"日期和时间"按钮或单击"幻灯片编号"按钮,都会打开"页眉和页脚"对话框。因此可以看出,这两个功能都是通过在页眉和页脚中添加内容来实现的。

任务六 幻灯片放映

在演示文稿制作完成以后,汇报时需要执行幻灯片的放映操作,以便检查是否有错误。在正式的汇报过程中,一般情况下,也需要进行全屏放映。

操作步骤如下:

单击"幻灯片放映"选项卡中"开始放映幻灯片"组中的"从头开始"按钮,或者使用快捷键 F5,可以从第一张幻灯片开始执行放映。如果想要从当前所选幻灯片开始放映,可以使用快捷键"Shift＋F5",或者单击"从当前幻灯片开始"按钮,如图 5-1-29 所示。

图 5-1-29 "幻灯片放映"选项卡

提示:在 PowerPoint 2010 中,还推出了新功能"广播幻灯片",通过该功能的使用可以把演示文稿共享到网络上,使收到广播服务链接的人都可以观看广播,丰富了幻灯片的传播方式。另一方面,还可以在"设置幻灯片放映"中,对幻灯片的放映类型、放映范围、放映选项和换片方式进行个性化设置,丰富演示效果。而对于演示文稿的汇报人员来说,可以使用"排练计时"功能对汇报的具体时间进行控制。

项目总结

本项目通过"新生入学专业介绍"演示文稿的制作,介绍了简单静态演示文稿的制作方法。静态效果的制作包括基本的编辑操作、各种版式、编辑修改各种对象和美化幻灯片等操作。母版、配色方案和设计模板可以较好地控制幻灯片的外观和放映效果。

拓展延伸

1. 插入多媒体影片

插入视频文件的基本方法如下:

(1)直接播放视频

这种播放方法是将事先准备好的视频文件作为电影文件直接插入到幻灯片中,该方法是最简单、最直观的一种方法。使用这种方法将视频文件插入到幻灯片中后,PowerPoint 只提供简单的"暂停"和"继续播放"控制,而没有更多的操作按钮供选择。因此这种方法特别适合 PowerPoint 初学者,以下是具体的操作步骤:

①运行 PowerPoint 程序,打开需要插入视频文件的幻灯片。

②将鼠标移动到菜单栏中,单击"插入"选项卡中"媒体"组中的"视频"按钮,从打开的下拉菜单中执行"文件中的视频"命令。

③在随后弹出的"插入视频文件"对话框中,将事先准备好的视频文件选中,并单击【插入】按钮,这样就能将视频文件插入到幻灯片中了。

④用鼠标选中视频文件,并将其移动到合适的位置,然后根据屏幕的提示直接单击【播放】按钮来播放视频,或者选择自动播放方式。

⑤在播放过程中,将鼠标移动到视频窗口中并单击,视频则暂停播放。如果想继续播放,再单击一下即可。

(2)插入 Windows Media Player 控件播放视频

这种方法将视频文件作为控件插入到幻灯片中,然后通过修改控件属性,达到播放视频的目的。使用这种方法,有多种可供选择的操作按钮,播放进程可以完全由自己控制,更加方便、灵活。该方法更适合 PowerPoint 课件中图片、文字和视频在同一页面的情况。具体的操作步骤如下:

①运行 PowerPoint 程序,打开需要插入视频文件的幻灯片。

②将鼠标移动到菜单栏中,单击其中的"开发工具"选项卡,在"控件"组中单击"其他控件"按钮。

③在随后打开的其他控件列表中,选择"Windows Media Player"选项并单击【确定】按钮,再将鼠标移动到 PowerPoint 的编辑区域中,画出一个合适大小的矩形区域,随后该区域就会自动变为 Windows Media Player 的播放界面。

④用鼠标选中该播放界面,然后右击,从弹出的快捷菜单中选择"属性"命令,打开该媒体播放界面的"属性"窗口。

⑤在"属性"窗口中,在"URL"设置项处正确输入需要插入到幻灯片中视频文件的详细路径及文件名。这样在打开幻灯片时,就能通过"播放"控制按钮来播放指定的视频了。

⑥为了让插入的视频文件更好地与幻灯片组织在一起,还可以修改"属性"设置界面中控制栏、播放滑块条以及视频属性栏的位置。

⑦在播放过程中,可以通过媒体播放器中的"播放""停止""暂停"和"调节音量"等按钮对视频进行控制。

2. 幻灯片制作中的谋篇布局要点

很多人一直苦于自己 PPT 的平庸,但又找不到症结所在。希望下面几句话能对大家有所帮助(主要针对学术类 PPT)。

(1)内容不在多,贵在精当

不要把什么内容都写上去,只要重点,因为一张 PPT 的空间有限,不但要有文字和图片,适当的留白也是十分必要的,这样观赏者的视觉才不会疲劳。"精"就是要精挑细选,"当"就是页面上面的东西要恰当,能反映中心思想或观点。

(2)色彩不在多,贵在和谐

初学者往往会犯的通病:一是乱用颜色,结果给人一种页面杂乱无章的感觉;二是不用颜色,一张黑脸到底。这都是错误的。颜色可以多,但要和谐。怎么做到和谐?就是确定主色调。一般的规则就是:浅色底板,主色调为浅色,文字为深色;深色底板,主色调为透明或浅色,文字为浅色。根据经验,浅色底板比深色底板更容易组合搭配颜色。主色调确定好以后,再添加较深颜色的文字,这样就可以更加突出文字。切忌背景喧宾夺主。

(3)动画不在多,贵在需要

动画效果的添加就是胶片幻灯片和多媒体 PPT 的区别,适当而又精美的动画无疑是夺人眼球的利器。但可想而知,不恰当或过多的动画,也同样会令人反感。需要记住的一点是,并不是系统列表里的每个动画效果都适合 PPT,常用的动画在 10 个之内,但巧用动画的组合会使这些动画演变出无穷的效果。

(4)三要:文字要少,公式要少,字体要大

有多少人可以看着满屏的文字不乏味?有多少人可以看到满屏的公式不头痛?有多少人可以看着满屏蚂蚁样的字不头晕?所以尽可能地少放不必要的文字和公式,并将字体放大,是制作幻灯片的要点。

自我练习

根据本节所学的知识,利用素材自己动手制作如图 5-1-30 所示的演示文稿。

要求如下:添加相应的图片、文字和声音内容,选择合理的版式,套用模板并添加日期和编号。

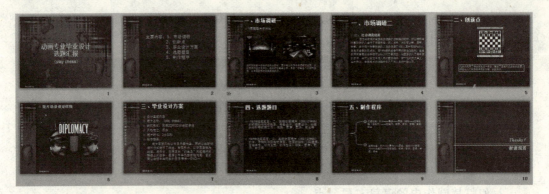

图 5-1-30　自我练习样张效果

项目二　项目策划方案汇报

项目分析

【项目说明及解决方案】

当学生毕业正式步入职场后，难免会碰到制作项目方案汇报，公司领导的要求往往是"重点突出""好看生动"和"思路清晰"，而 Word 文档的形式往往满足不了实际的工作需求。因此，使用 PPT 制作项目策划方案汇报可以将凌乱的文字和数字信息整理成图片、表格和图表的形式，还可以通过项目策划方案汇报的制作掌握幻灯片中图表的制作、自定义动画的添加、背景图片的修改和背景音乐的添加，以便对项目策划汇报内容进行图文并茂的展示。同时通过 PPT 的展示也可以查看项目策划的重点和优势，从而使枯燥的项目汇报变得有理有据。

【学习重点与难点】

- PowerPoint 中 SmartArt 的创建和使用方法
- 背景图片的插入方法和背景音乐的添加
- 自定义动画和动作按钮的添加和设置
- 幻灯片切换效果的添加、幻灯片放映效果及演示文稿打包设置

项目实施

任务一　添加背景图片和背景音乐

学习在演示文稿中添加背景图片，需要学习的是如何使用"设置背景格式"功能。设置背景格式主要有纯色填充、渐变填充、图片或纹理填充及图案填充四种常用的方式。本任务利用"图片或纹理填充"的方法来添加背景图片。

操作步骤如下：

（1）打开"模块五\PowerPoint 电子演示文稿制作\项目二素材"文件夹下的"项目策划方案汇报原始.pptx"文件，开始制作。

（2）选中第 1 张幻灯片右击，在弹出的快捷菜单中选择"设置背景格式"命令，在弹出的对话框中单击"填充"选项卡，选择"图片或纹理填充"，单击"插入自"中的【文件】按钮，在弹出的"插入图片"对话框中选择图片"bg1.jpg"，然后单击【插入】按钮，如图 5-2-1 和图 5-2-2 所示。

图 5-2-1　"设置背景格式"对话框

图 5-2-2　背景图片添加完成

除了可以添加图片作为幻灯片以外，还可以采用渐变、图片或纹理或者图案填充来设计一些不同的有创意的背景。其中，渐变填充需要在相应的面板中进行调整和设置预设颜色、类型、方向、角度、渐变颜色选择、调整亮度透明度和位置，而图片或纹理和图案填充只需要选择相应图案调整填充方式即可。

依照上述添加背景图片的方法，继续为第 2 张（包含第 2 张）以后的幻灯片添加背景图片"bg2.jpg"。为了方便起见，也可以先将"bg2.jpg"在设置背景格式时选择"全部应用"，然后单独更改第 1 张幻灯片的背景，这里需要对功能进行灵活运用。

（3）选中第 1 张幻灯片，在"插入"选项卡下，单击"媒体"组中的"音频"按钮，在下拉菜单中选择"文件中的音频"选项，弹出"插入音频"对话框，找到"轻音乐-Spring 春天.mp3"，单击【插入】按钮。在插入完音乐以后，切换至"播放"选项卡，"音频选项"组中的"开始"方式选择"自动"，选中"循环播放，直到停止"和"放映时隐藏"复选框，如图 5-2-3 和图 5-2-4 所示。

图 5-2-3　添加背景音乐完成

图 5-2-4　设置背景音乐的播放方式

添加完背景音乐以后，还可以在"动画"选项卡中单击"高级动画"组的"动画窗格"按钮，打开"动画窗格"，然后在窗格中右击刚才添加的音乐，在弹出的快捷菜单中选择"效果选项"命令，在弹出的"播放音频"对话框中对音乐进行细致化的调整，如图 5-2-5 和图 5-2-6 所示。

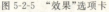

图 5-2-5　"效果"选项卡

图 5-2-6　"计时"选项卡

提示：在 PowerPoint 2010 中，可选择添加的声音文件类型有：mid、wav、wma、aif、au 和 mp3 等。除了简单地插入声音以外，PowerPoint 还允许指定插入声音的某个部分，几种声音同时在幻灯片中等待播放以及给幻灯片配音，具体内容见本项目最后的拓展延伸部分。

任务二 添加自定义动画和动作按钮

动画的添加能够使幻灯片具有生动的效果，用户还可以创建交互式演示文稿，实现幻灯片放映过程中的跳转。下面将介绍如何添加自定义动画和动作按钮。在这里主要用到的是 PowerPoint 2010 中的"动画"选项卡。

操作步骤如下：

（1）选中第 2 张幻灯片中的文本框，选择"动画"选项卡，单击"动画"组中的"飞入"效果，然后在右侧"效果选项"中将飞入方向调整为"自右侧"飞入，如图 5-2-7 和图 5-2-8 所示。

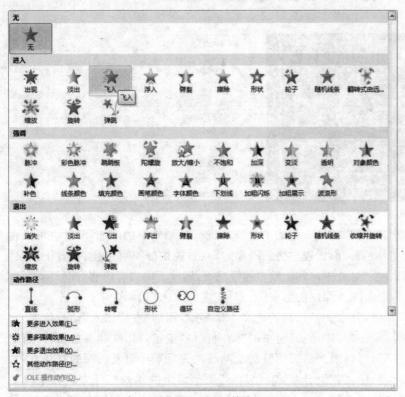

图 5-2-7 "飞入"效果   图 5-2-8 "自右侧"飞入

（2）添加完简单动画以后，还可以在"动画"选项卡中打开"动画窗格"，然后在窗格中右击刚才添加的动画，在弹出的快捷菜单中选择"效果选项"命令，在弹出的"飞入"对话框中对动画进行细致化的调整，设置为"平滑结束"，时间"1 秒"，如图 5-2-9 所示。

（3）依照上述步骤，对第 4 张幻灯片中的图片添加"浮入"动画效果。

（4）依照上述步骤，对第 7 张幻灯片中的图片添加"旋转"动画效果，并且调整为"快速（1 秒）"。

（5）选择第 15 张幻灯片，按住键盘上的 Shift 键，然后用鼠标左键进行加选，选中左侧所有白色边框的文本框后右击，在弹出的快捷菜单中选择"组合"菜单中的"组合"选项，对所选文本框进行编组，如图 5-2-10 和图 5-2-11 所示。

图 5-2-9　飞入动画细致调整

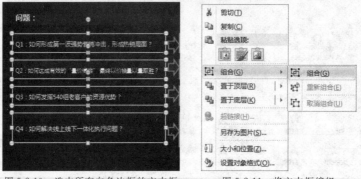

图 5-2-10　选中所有白色边框的文本框　　　　图 5-2-11　将文本框编组

提示:在编组完成以后,可以将同一组的内容统一进行动画效果的添加,同时也可以在设计内容布局时,进行整体的移动,比较方便。同样的,在右键快捷菜单中还有"置于顶层"和"置于底层"菜单,可以在幻灯片中内容比较多的情况下,调整不同内容的前后层关系。

(6)依照前面步骤,选中刚才编好的组,然后添加"左侧飞入"动画效果。

(7)重复步骤(5)和(6),分别为箭头和黄色文本框编组,添加"左侧飞入"动画效果。

(8)单击"动画"选项卡中"高级动画"组中的"动画窗格"按钮,打开"动画窗格"。当幻灯片中存在动画的情况下,可以根据需要调整每个动画的先后顺序以及动画的打开方式。在这里,保留原来的动画顺序,将"组合 2"和"组合 3"两个编组的动画打开方式在下拉菜单中调整为"从上一项之后开始",并且在"效果选项"中设置"延迟 1 秒",如图 5-2-12 和图 5-2-13 所示。

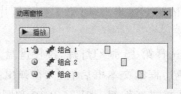

图 5-2-12　动画延迟 1 秒　　　　图 5-2-13　动画窗格显示效果

提示：动画效果的添加，在 PowerPoint 中有很多不同的组合方式，非常自由。如果需要调整动画顺序，可以在"动画窗格"最下方的"重新排序"中调整上下箭头来进行设置。

（9）选择第 22 张幻灯片，单击"插入"选项卡中"插图"组中的"形状"菜单，在下拉菜单中选择"矩形"，在表格的最后一行位置进行绘制，绘制完成以后，右击矩形，在弹出的快捷菜单中选择"设置形状格式"命令，弹出"设置形状格式"对话框。在"填充"选项卡中设置矩形为"无填充"，切换到"线条颜色"选项卡，设置矩形边框为"实线""红色"，然后单击【关闭】按钮，如图 5-2-14～图 5-2-16 所示。

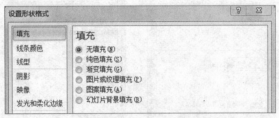

图 5-2-14　设置矩形无填充色

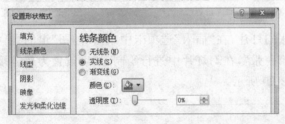

图 5-2-15　设置矩形为红色边框

图 5-2-16　矩形边框设置完成后的效果

提示：在"设置形状格式"对话框中，可以设置形状的填充、线条颜色、线型、裁剪、大小、位置、文本框和可选文字等多种效果，可以对几何图形的颜色和边框，图片的大小、比例、位置和裁剪，以及文本框的对齐方式等不同内容进行设置，极大地方便了用户，使其能够在一个软件中实现尽可能多的功能效果。

（10）依照前面步骤，选择矩形框，添加"放大/缩小"动画效果，并且在"动画窗格"中执行"效果选项"命令，弹出"放大/缩小"对话框，设置放大尺寸为"110％"，设置速度为"非常快（0.5 秒）"，如图 5-2-17 和图 5-2-18 所示。

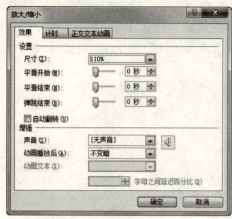

图 5-2-17　放大/缩小动画设置　　　　　　图 5-2-18　动画速度细致调整

（11）选择第 9 张幻灯片，在"插入"选项卡中单击"插图"组的"形状"按钮，在下拉菜单中找到"动作按钮：第一张"，在幻灯片中进行绘制，然后设置为超链接到"第一张幻灯片"，如图 5-2-19 和图 5-2-20 所示。

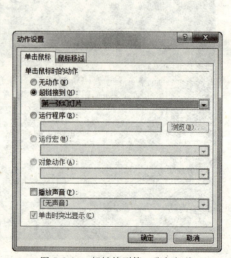

图 5-2-19　插入动作按钮　　　　　　图 5-2-20　超链接到第一张幻灯片

提示：超链接可以设置的方式主要有：下一张幻灯片、上一张幻灯片、第一张幻灯片、最后一张幻灯片、结束放映、自定义放映、幻灯片、URL、其他演示文稿和其他文件。通过不同的链接方式，可以实现交互的效果。另外，一些常用的动作按钮（如自定义按钮）同样可以在"插入"选项卡中的"形状"菜单中找到，并可以直接进行绘制。

（12）依照上述步骤，在"插入"选项卡中找到"形状"下拉菜单中的"动作按钮：开始"，在幻灯片中进行绘制，然后设置超链接到"2.幻灯片2"。

（13）依照上述步骤，在"插入"选项卡中找到"形状"下拉菜单中的"动作按钮：结束"，在幻灯片中进行绘制，然后设置超链接到"最后一张幻灯片"，添加完动作按钮后，如图5-2-21所示。

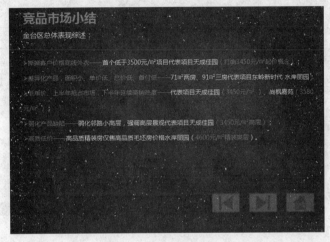

图 5-2-21　动作按钮添加完成

任务三　为演示文稿插入 SmartArt 结构图并添加动画

大量的文字信息会使听汇报的人阅读困难，而合理地运用图形化元素进行分类、制作结构图能够使信息传达得更加有效。因此，PowerPoint 从 2007 以后的版本中就提出了 SmartArt 的概念。SmartArt 图形是信息和观点的视觉表示形式。可以通过从多种不同布局中进行选择来创建 SmartArt 图形，从而快速、轻松、有效地传达信息。

操作步骤如下：

（1）选择第 41 张幻灯片，在"插入"选项卡中单击"插图"组中的"SmartArt"按钮，打开"选择 SmartArt 图形"对话框，在对话框中选择"流程"选项卡中的"重点流程"，如图5-2-22 所示。

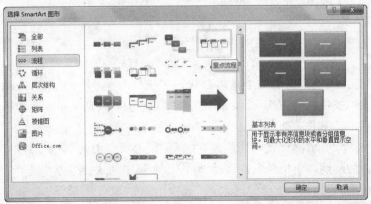

图 5-2-22　选择"重点流程"

（2）插入完 SmartArt 以后，将第 41 张幻灯片中的部分内容复制，然后粘贴到流程图模型中的适当位置，调整文字颜色，如图 5-2-23 所示。

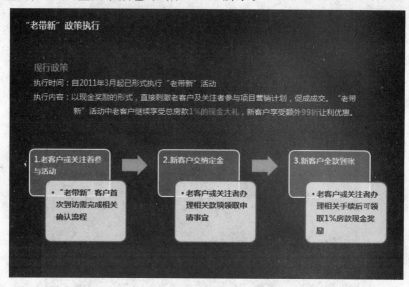

图 5-2-23 SmartArt 流程图内容添加（方法 1）

提示：内容的添加除了直接在流程图模型中进行输入或者粘贴以外，还可以通过 SmartArt 模型左侧的提纲进行添加，如图 5-2-24 所示。

图 5-2-24 SmartArt 流程图内容添加（方法 2）

（3）选中流程图模型中的一个具体形状，在"设计"选项卡中的"SmartArt 样式"组中单击"更改颜色"按钮，然后在下拉菜单中选择"彩色范围-强调文字颜色 2 至 3"，调整过程和效果如图 5-2-25 和图 5-2-26 所示。

（4）选中整个 SmartArt 流程图模型，在"动画"选项卡中的"动画"组中选择"飞入"动画效果，然后打开"动画窗格"，右击该动画效果，在弹出的快捷菜单中选择"效果选项"，弹出"飞入"对话框，切换到"SmartArt 动画"选项卡，将"组合图形"的动画方式调整为"逐个"，如图 5-2-27 所示。

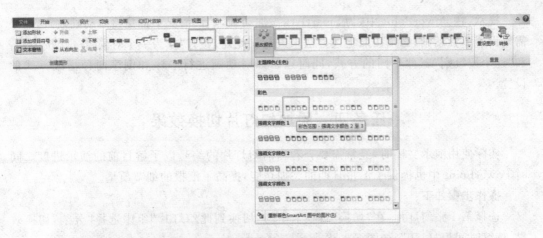

图 5-2-25 SmartArt 调整颜色

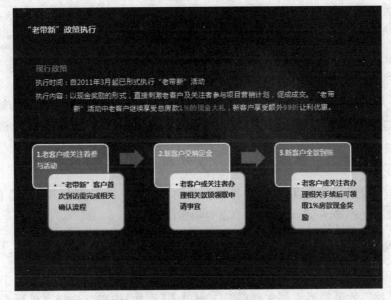

图 5-2-26 SmartArt 颜色调整完成

图 5-2-27 SmartArt 逐个动画

提示:在 PowerPoint 中,为 SmartArt 添加动画,默认情况下都是整体动画效果,如果需要设置单独动画,必须按照上述方法来进行。此外,还有"作为一个对象""一次按级别"和"逐个按级别"三种不同的方式,同时还可以对动画进行顺序和倒序两种播放方式的设置。

任务四　添加幻灯片切换效果

实际使用演示文稿时,经常需要查看当前幻灯片的编号以了解目前的演示进度。同时 PowerPoint 中也提供了汇报日期的添加功能,提高了汇报的细节质量。

操作步骤如下:

选择第 1 张幻灯片,在"切换"选项卡中的"切换到此幻灯片"组中选择"分割"切换效果,持续时间为"1.50",如图 5-2-28 所示。

图 5-2-28　添加幻灯片切换效果

提示:一般来说,在实际的需要中,幻灯片的切换效果不需要每一页都添加,但如果想要把幻灯片切换效果添加到所有页面中,则可以在添加切换动画时,选择"全部应用"。

任务五　幻灯片放映效果及演示文稿打包设置

在制作完成演示文稿以后,用户可以将其制作成 CD 以方便在多种场合使用。将幻灯片打包成 CD 是 PowerPoint 的一个重要功能。

操作步骤如下:

(1)打开"文件"选项卡,切换到"保存并发送"选项卡,单击"将演示文稿打包成 CD"中的【打包成 CD】按钮,打开"打包成 CD"对话框,在"将 CD 命名为"文本框中输入"项目策划方案汇报",如果需要添加文件到 CD,则单击【添加】按钮并选择文件进行添加即可,如图 5-2-29 和图 5-2-30 所示。

(2)"要复制的文件"列表框中显示的是即将添加的文件,单击【选项】按钮可以设置复制文件的选项,如打开和修改每个演示文稿时所用的密码,在这里设置为"xiangmu",单击【确定】按钮,如图 5-2-31 所示。

(3)确认打开密码,弹出"确认密码"对话框,在"重新输入打开权限密码"文本框中再次输入密码,单击【确定】按钮,如图 5-2-32 所示。

(4)确认修改密码,弹出"确认密码"对话框,在"重新输入修改权限密码"文本框中再次输入密码,单击【确定】按钮,如图 5-2-33 所示。

(5)返回"打包成 CD"对话框,最后单击【复制到 CD】按钮即可开始将演示文稿内容刻录到 CD 上。

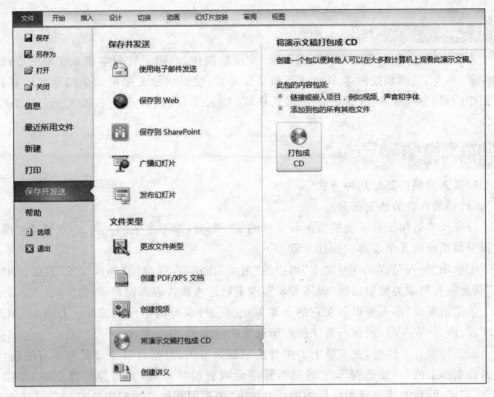

图 5-2-29　选择打包成 CD 功能

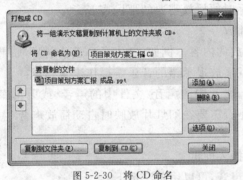

图 5-2-30　将 CD 命名

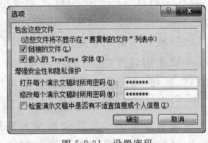

图 5-2-31　设置密码

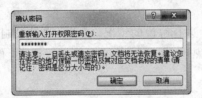

图 5-2-32　重新输入打开权限密码

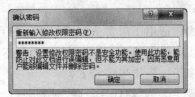

图 5-2-33　重新输入修改权限密码

提示：本项目中还可以继续添加多种多样的动态效果，在这里不做一一展示，可以根据需要自行添加。

项目总结

本项目通过"项目策划方案汇报"演示文稿的制作,介绍了在简单演示文稿中如何添加背景、声音、动画和按钮等多种动态和交互元素,使得演示文稿的效果能够大大提高。在制作的过程中,主要用到了设置背景格式、插入音频、插入形状和插入 SmartArt 等功能。

拓展延伸

1. 插入音频的其他几种方式

（1）播放声音的指定部分

该项操作适用于只需要播放声音文件的某一部分,而不是全部。例如,重复播放课文朗读里最精彩的几个段落。操作步骤如下:

①单击"插入"选项卡中"文本"组中的"对象"按钮,在弹出的"插入对象"对话框中选择"新建",在对象类型中选择"媒体剪辑",确定后进入媒体编辑窗口。

②单击菜单"插入剪辑",在它的子菜单里有三种声音类型可供选择:CD 音频、MIDI 音序器、声音（WAV）,根据声音文件类型选择相应菜单。

③选择声音文件后,主菜单下的声音控制器为可用,将指针移至要截取声音的起点,单击控制器上的"开始选择",然后将指针移至声音的结束处,单击控制器上的"结束选择"。完成后,单击该声音图标以外的任意地方,便返回到幻灯片编辑状态。

④单击"幻灯片放映",当单击声音图标时便播放需要的那段声音。

（2）几个声音在同一张幻灯片中等待播放

这项操作适用于随课堂变化而选择播放的内容。例如,制作了一道填空题,如果学生答对了就播放提示对的音乐,如果答错了就播放提示错的音乐。操作步骤如下:

①在该张幻灯片中,单击主菜单"插入/影片中的声音/文件中的声音（或剪辑库中的声音等）",选择一声音,在弹出的对话框"是否需要在幻灯片放映时自动播放声音"中选择"否",在幻灯片上显示一喇叭图标。

②重复第 1 步操作将其余的声音分别插入即可。

③在播放时要记住每个喇叭所对应的声音,可以用备注记下。

（3）给幻灯片配音

该项操作适用于需要重复对每张幻灯片进行解说的情况,解说由自己录制。例如,在计算机应用能力考核中,学生对考核系统不熟悉,需要对考试系统进行解说,有了这项功能就省事多了。操作步骤如下:

①选择主菜单"幻灯片放映/录制旁白"。

②在"录制旁白"对话框中选中"链接旁白"选项,单击"浏览"选择放置旁白文件的文件夹,单击【确定】按钮。

③进入到幻灯片放映状态,一边播放幻灯片一边对着麦克风朗读旁白。

④播放结束后,弹出对话框"旁白已经保存到每张幻灯片中,是否也保存幻灯片的排练时间?",单击【保存】按钮。

　　录制完毕后,在每张幻灯片右下角自动显示喇叭图标。播放时如果选择按排练时间放映,则自动播放。

　　2. PowerPoint 2010 封装打包

　　(1)准备材料

　　①PPT 源文件(需要封装的演示文稿源文件,这里所说的只限于用 PowerPoint 2010 制作.pptx 格式或.ppsx 格式文件)。

　　②Microsoft Office PowerPoint Viewer 2010(PPT 2010 播放器),检查计算机中是否有这个程序,没有或版本不符合时需要下载。

　　(2)集中素材

　　①安装 Microsoft Office PowerPoint Viewer 2010(如果计算机中没有的话)。

　　②把以下文件全都放到一个文件夹中(假设文件夹名字是"ABC")

　　• Microsoft Office PowerPoint Viewer 2010 中的 PPTview.exe(注意是 2010 版)、pptview.exe.manifest、GDIPLUS.DLL、GFX.DLL、GKPowerPoint.dll、INTLDATE.DLL、OART.DLL、PPVWINTL.DLL、SAEXT.DLL 和 UNICOWS.DLL(如果是 XP 用户,请复制 NET 2.0 的 Unicows.dll;如果是 Vista 用户,请复制 NET 3.5 的 Unicows.dll;如果是 Windows 7 用户,请复制 NET 3.5 中 Unicows.dll),缺一不可。

　　还有 PowerPoint Viewer 安装目录的所有文件。

　　找到这些文件最快捷的办法:用计算机自带的搜索功能输入文件名进行搜索,然后复制出来。

　　• PPT 源文件和音像素材粘贴到目录下。

　　(3)封装文件:

　　①选中".pptx"文件夹内的所有文件后右击,在弹出的快捷菜单中选择"添加到压缩文件"命令(前提是计算机上安装了压缩工具)。

　　②在弹出的"压缩文件名字和参数"对话框中,选择"常规"选项卡,勾选压缩选项中的"创建自解压格式的压缩文件"和"创建固实压缩文件"复选框,并为压缩文件任取一个文件名(如 123456.exe),注意一定要以".exe"后缀结尾。"压缩方式"最好选择"存储",这样打开的速度最快。

　　③在"高级"选项卡中单击【自解压选项】按钮,弹出"高级自解压选项"对话框,选择"常规"选项卡,在"解压路径"中选择"在当前文件夹中创建"。

　　④在"释放后运行"中输入:"PPTview.exe 展示.pptx"(注意:"PPTview.exe"和"展示.pptx"中间有一空格。如果是 PPT 2010 的放映文件则要把".pptx"改为".ppsx")

　　⑤选择"模式"选项卡,勾选"解压到临时文件夹"复选框;"安静模式"选择"全部隐藏"。这样可以在打开文件时,不出现任何提示,直接播放幻灯片,且在退出演示后,其他人无法从你演示过的计算机上的临时文件夹中找到任何蛛丝马迹,除非用数据恢复软件。当然,你甚至可以为 EXE 文件设置密码。

　　⑥单击【确定】按钮回到上一级选卡,再次单击【确定】按钮,这时系统开始为用户在 PowerPoint 文件夹中创建出一个".EXE"可执行文件,这样带着它就可以任何计算机上双击它进行演示了。

自我练习

根据本节所学的知识,利用素材"课后练习 5-2 原始.pptx"自己动手制作如图 5-2-34 所示的演示文稿。

要求如下:添加相应的动画和背景,选择合理版式,套用 SmartArt 结构图并保存。

图 5-2-34 自我练习样张效果

理论练习题

一、单选题

1.关于幻灯片母版,以下说法中错误的是(   )。

A.在母版中定义标题的格式后,在幻灯片中还可以修改

B.根据当前幻灯片的布局,通过幻灯片状态切换按钮,可能出现两种不同类型的母版

C.可以通过鼠标操作在各类模板之间直接切换

D.在母版中插入图片对象后,在幻灯片中可以根据需要进行编辑

2.以下菜单项 PowerPoint 特有的是(   )。

A.视图　　　　　　　B.工具　　　　　　　C.幻灯片放映　　　　D.页面布局

3.幻灯片母版设置可以起到(   )的作用。

A.统一整套幻灯片的风格　　　　　　　B.统一页码

C.统一图片内容　　　　　　　　　　　D.统一标题内容

4.可以编辑幻灯片中文本、图像和声音等对象的视图一定是（　　）。

A.普通视图方式　　　　　　　　　　B.幻灯片浏览视图方式

C.备注页视图方式　　　　　　　　　D.幻灯片放映视图方式

5.激活 PowerPoint 的超链接功能的方法是（　　）。

A.单击或双击对象　　　　　　　　　B.单击或鼠标移过对象

C.只能使用单击对象　　　　　　　　D.只能使用双击对象

6.为幻灯片设计播放动画效果时,（　　）。

A.只能在一张幻灯片内部设置

B.只能在相邻幻灯片之间设置

C.既能在一张幻灯片内部设置,又能在相邻幻灯片之间设置

D.可以在一张幻灯片内部设置,或者在相邻幻灯片之间设置,但两者不能使用在同一演示文稿中

二、多选题

1.在 PowerPoint 中,若创建新演示文稿时选择了某种幻灯片版式,以下说法中正确的有（　　）。

A.当添加一张新幻灯片时会自动使用这种版式

B.只能确定幻灯片的内容布局,不能确定幻灯片的背景和色彩

C.根据需要演示文稿中不同的幻灯片还可以选择不同的版式

D.该演示文稿中所有幻灯片都只能用这种版式来进行内容的布局

2.在 PowerPoint 中,创建新演示文稿的方式有（　　）。

A.打开内置模板　　　　　　　　　　B.空白演示文稿

C.打开自定义模板　　　　　　　　　D.打开已有的演示文稿

模块六　Internet 应用

项目一　网络初次探索

项目分析

【项目说明及解决方案】

本项目通过对计算机网络概述、计算机网络协议、局域网组建与设置以及 Internet 相关知识四个任务的讲解,使读者了解计算机网络的发展、组成及分类,掌握局域网组建与设置及 Internet 相关知识。

【学习重点与难点】

- 计算机网络协议
- 局域网组建与设置
- Internet 相关知识

项目实施

任务一　计算机网络概述

当今世界已经进入信息时代,信息已成为人类赖以生存的重要资源。信息的交流离不开通信,信息的处理离不开计算机,计算机网络正是计算机技术与通信技术密切结合的产物。信息的社会化、网络化,以及全球经济的一体化,都受到计算机网络技术的影响。

网络使人类的工作方式、学习方式甚至思维方式发生了巨大变化,那么网络是什么?是由什么组成的?又有什么功能?如何运用?这些都是本任务需要解决的问题。

1.什么是计算机网络

计算机网络是指将地理位置不同的具有独立功能的多台计算机及其外部设备,通过通信线路连接起来,在网络操作系统、网络管理软件及网络通信协议的管理和协调下,实现资源共享和信息传递的计算机系统。计算机网络是计算机技术与通信技术密切结合的产物。

2.计算机网络的发展

(1)第一阶段:远程终端联机阶段

20 世纪 60 年代中期之前的第一代计算机网络是以单个计算机为中心的远程联机系

统。典型应用是由一台计算机和全美国范围内的 2000 多个终端组成的飞机订票系统。终端指一台计算机的外部设备,包括显示器和键盘,但不包括 CPU 和内存。随着远程终端的增多,在主机前增加了前端机(FEP)。当时,人们把计算机网络定义为"以传输信息为目的而连接起来,实现远程信息处理或进一步达到资源共享的系统",但这样的通信系统已经具备了网络的雏形。

(2)第二阶段:计算机网络阶段

20 世纪 60 年代中期至 70 年代的第二代计算机网络以多个主机通过通信线路互联起来,为用户提供服务,兴起于 60 年代后期,典型代表是美国国防部高级研究计划局协助开发的 ARPANET。主机之间不是直接用线路相连,而是由接口报文处理机(IMP)转接后互联的。IMP 和它们之间互联的通信线路一起负责主机间的通信任务,构成通信子网。通信子网互联的主机负责运行程序,提供资源共享,组成资源子网。这个时期,"以能够相互共享资源为目的互联起来的具有独立功能的计算机之集合体"形成了计算机网络的基本概念。

(3)第三阶段:计算机网络互联阶段

20 世纪 70 年代末至 90 年代的第三代计算机网络是具有统一的网络体系结构并遵循国际标准的开放式和标准化的网络。ARPANET 兴起后,计算机网络发展迅猛,各大计算机公司相继推出自己的网络体系结构及实现这些结构的软硬件产品。由于没有统一的标准,不同厂商的产品之间互联很困难,人们迫切需要一种开放性的标准化实用网络环境,因此两种国际通用的最重要的体系结构,即 TCP/IP 体系结构和国际标准化组织的 OSI 体系结构应运而生。

(4)第四阶段:高速网络技术阶段

20 世纪 90 年代末至今的第四代计算机网络,由于局域网技术发展成熟,出现光纤及高速网络技术、多媒体网络和智能网络,整个网络就像一个对用户透明的大的计算机系统,发展为以 Internet 为代表的互联网。

3.计算机网络的组成

一个典型的计算机网络主要由计算机系统、数据通信系统和网络软件及协议三大部分组成。计算机系统是网络的基本模块,为网络内的其他计算机提供资源共享;数据通信系统是连接网络基本模块的桥梁,提供各种连接技术和信息交换技术;网络软件负责组织和管理网络,在网络协议的支持下,为网络用户提供各种服务。

从功能上看,可将计算机网络逻辑划分为资源子网和通信子网,如图 6-1-1 所示。资源子网负责全网的数据处理业务,并向网络用户提供各种网络资源和网络服务;通信子网的作用是为资源子网提供传输和交换数据信息的能力。

4.计算机网络的分类

(1)从网络的作用范围进行分类

从网络作用的地域范围对网络进行分类,可以将其分为局域网、城域网和广域网三类。

①局域网(Local Area Network,LAN),通过专用高速通信线路把许多台计算机连接起来,速率一般在 10 Mb/s 以上,甚至可达 1000 Mb/s,但在地理空间上则局限在较小的

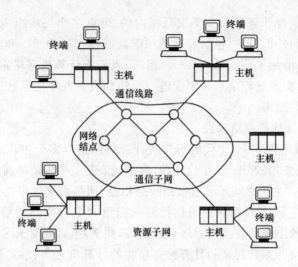

图 6-1-1　通信子网与资源子网

范围,如 1 个建筑物、1 个单位内部或者几公里左右的 1 个区域等。

②城域网(Metropolitan Area Network,MAN),也称市域网,其作用范围在广域网和局域网之间,为 5～100 km。其传输速率一般在 100 Mb/s 以上。

③广域网(Wide Area Network,WAN),其作用范围通常为几十到几千公里。广域网有时也称为远程网。Internet 是目前世界上最大的广域网。

(2)从网络拓扑结构进行分类

根据网络中计算机之间互联的拓扑结构可把计算机网络划分为星型网(一台主机为中央结点,其他计算机只与主机连接)、树型网(若干台计算机按层次连接)、总线型网(所有计算机都连接到一条干线上)、环型网(所有计算机形成环形连接)、网状网(任意两台计算机之间都可以根据需要进行连接)和混合网(上述数种拓扑结构的集成)等。

网络的分类还有其他一些方法。例如,按网络的使用性质进行分类,可以划分为专用网和公用网;按网络的使用范围和环境分类,可以划分为企业网和校园网等;按传输介质进行分类,可划分为同轴电缆网(低速)、双绞线网(低速)、光纤网(高速)和微波及卫星网(高速)等;按网络的带宽和传输能力进行分类,可划分为基带(窄带)低速网和宽带高速网等。

5. 计算机网络的功能

计算机网络主要具有如下四个功能:

(1)数据通信:计算机网络主要提供传真、电子邮件、电子数据交换(EDI)、电子公告牌(BBS)以及远程登录和浏览等数据通信服务。

(2)资源共享:凡是入网用户均能享受网络中各个计算机系统的全部或部分硬件、软件和数据资源。

(3)提高计算机的可靠性和可用性:在一些要求计算机实时控制和高可靠性的场合,通过计算机网络实现备份可以提高计算机系统的可靠性。

(4)分布式处理:通过算法将大型的综合性问题交给不同的计算机同时进行处理。用户可以根据需要合理选择网络资源,就近快速地进行处理。

任务二   计算机网络协议

计算机网络要在一定规则的支持下,才能正常传输数据,那么有哪些规则呢? 又如何利用这些规则进行传输呢?

通信网络协议(Common Network Protocol)是数据在设备之间交换的规则,简称协议。协议是设备之间进行通信的语言,使设备能够相互理解通信的内容。TCP/IP 协议族是最常见的协议,包括 TCP 协议、IP 协议、FTP 协议、HTTP 协议、POP3 协议和 SMTP 协议等。其中,TCP/IP 协议是常用的协议。

1. 开放系统互联参考模型

开放系统互联参考模型(Open System Interconnect,简称 OSI)是国际标准化组织(ISO)和国际电报电话咨询委员会(CCITT)联合制定的,为开放式互联信息系统提供了一种功能结构的框架。

OSI 模型分为七层,并描述了各层所提供的服务,以及层与层之间的抽象接口和用来交互的服务原语。为了便于描述,通常把这七层分为高层(应用协议层)和低层(数据流协议层)两部分,如图 6-1-2 所示。

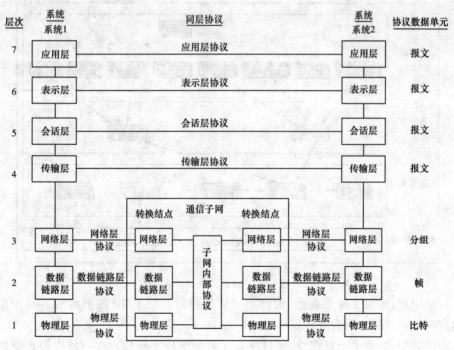

图 6-1-2   OSI 参考模型

(1)应用层(Application Layer):为用户的网络应用程序提供网络服务。

(2)表示层(Presentation Layer):应用程序和网络之间的翻译官,为应用层提供服务,保证一个系统的应用层发送的数据可以被另一个系统的应用层接收到。

(3)会话层(Session Layer):负责在网络中的两结点之间建立、维持和终止通信。

(4)传输层(Transport Layer):完成数据的分段和重组。

（5）网络层（Network Layer）：将网络地址翻译成对应的物理地址，并决定如何将数据从发送方通过路由转发到接收方。

（6）数据链路层（Data Link Layer）：提供数据在互联链路上的传输。

（7）物理层（Physical Layer）：为激活、维持和释放物理链路定义了电气、机械、过程和功能的标准。

2. TCP/IP 协议

TCP/IP 协议（Transmission Control Protocol/Internet Protocol）是 Internet 最基本的协议，也是 Internet 国际互联网络的基础，当初是为美国国防部高级研究计划局（ARPA）设计的，一般称为 ARPANET，其目的在于能够让各种各样的计算机都可以在一个共同的网络环境中运行。TCP/IP 协议的形成有一个过程。1969 年初，ARPANET 主要是一项实验工程；70 年代初，在最初建网实践经验的基础上，开始了第二代网络协议的设计工作，从而引导了 TCP/IP 协议的出现。

基于 TCP/IP 协议的参考模型将协议分成四个层次，分别是网络接口层、网际互连层、传输层（主机到主机）和应用层，如图 6-1-3 所示。虽然 TCP/IP 模型和 OSI 模型中有些层次的名称相同，但是功能不同，注意不要与 OSI 模型的各层名称混淆。

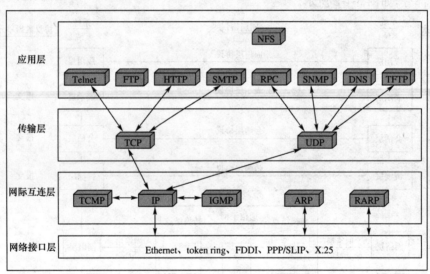

图 6-1-3　TCP/IP 协议模型

（1）应用层：完成了有关表达、编码和对话的控制。TCP/IP 模型将所有与应用相关的内容都归为一层，也称为处理层（Process Layer）。

（2）传输层：处理关于可靠性、流量控制和数据重传等问题。这一层中最重要的协议之一就是传输控制协议（TCP），该协议创建虚连接，完成可靠、高效和低错误率的网络通信过程。这一层也称为主机到主机层。

（3）网际互连层：把来自互联网络上的任何网络设备的数据分组发送到目标设备，这一过程和经过的网络路径无关。管理这一层的协议就是互联网协议（IP），该协议完成最佳路径选择和分组交换。

（4）网络接口层：它的功能相当于 OSI 模型中物理层和数据链路层的所有功能，这一层也被称为主机到网络层（Host-Network Layer）。

任务三 局域网的组建

如果家庭中或者单位里有一台以上的计算机，可以考虑把它们连成局域网。局域网最大的特点就是可以实现资源的最佳利用，如共享磁盘设备和打印机等，从而可以在组建的局域网内部互相调用文件，并可以在任何一台共享打印机上进行打印。当然也可以借助 Wingate 或 Sygate 等软件实现多机共享一台 Modem 上网；或者通过代理服务器连接到 Internet 中。那么如何连接呢？

"连网"并不困难，其实如果只是组建一个小型的局域网，只要添置几块网卡和一些数据线即可自己动手实现。连接局域网首先需要安装网卡、制作网线，然后通过网线将计算机连接到集线器或者交换机上，最后安装网络协议并设置 IP 地址及网关即可实现网络共享。

操作步骤如下：

1. 安装网卡

要组建局域网，首先要有网卡的支持，如图 6-1-4 所示。由于 Windows XP 支持即插即用，如果所用的是即插即用的网卡，而且 Windows XP 中又带有该网卡的驱动程序，在 Windows XP 中安装起来就非常简单了，只要把网卡插在计算机的扩展槽上，并固定好，

图 6-1-4 网卡

然后打开计算机，Windows XP 会自动把网卡的驱动程序安装好。安装好网卡后，在桌面上"我的电脑"图标上右击，在弹出的快捷菜单中选择"属性"，在"设备管理器"中会多出一项，即"网络适配器"，单击该项旁边的加号，下面即列出刚才安装的网卡。

2. 网线制作

要实现连网，网线是必不可少的，下面介绍 RJ-45 双绞线的制作。

首先准备好所需工具，即压线钳。

（1）先抽出一小段网线，剥去一段外皮（长度 2～3 cm）。

（2）根据排线标准将双绞线理顺，现行的接线标准有 T568A 和 T568B，平常用得较多的是 T568B 标准。这两种标准本质上并无区别，只是线的排序不同而已。

T568B 标准中的双绞线 1 至 8 的排线顺序为：橙白，橙，绿白，蓝，蓝白，绿，棕白，棕。T568A 标准则在 T568B 标准的基础上，把 1、3 和 2、6 的顺序互换一下即可。

（3）用压线钳把长短不一的线头剪齐，注意不能剪得太长或太短（留下 1.3～1.5 cm 的长度即可）。

（4）把双绞线插入水晶头，并用压线钳夹紧，同样的步骤再做出另外一头的水晶头即可。

在使用 HUB 和交换机等集线设备时，这两种标准不能混用。双机互联未使用集线器的情况下，必须一头采用 T568A 标准，另外一头采用 T568B 标准。

（5）使用测试器测试网线是否接通，也可以直接连到网络上测试数据能否接通。

3.集线器和交换机的连接

用制作好的网线分别将多台计算机连接到集线器或者交换机上,实现计算机的物理互联。但此时还不能通过网络访问其他的计算机,必须先安装网络协议并设置 IP 地址。

4.网络协议的安装

局域网中的一些协议,在安装操作系统时会自动安装。如在安装 Windows XP 时,系统会自动安装 TCP/IP 和 NetBIOS 通信协议;在安装 Netware 时,系统会自动安装 IPX/SPX 通信协议。这三种协议中,NetBIOS 和 IPX/SPX 在安装后不需要进行设置即可使用,但 TCP/IP 协议需要经过必要的设置。所以下面主要以 Windows XP 环境下的 TCP/IP 协议为主介绍其安装、设置和测试方法,其他操作系统中协议的有关操作与 Windows XP 基本相同,甚至更为简单。

(1)TCP/IP 通信协议的安装

在 Windows XP 中,如果未安装 TCP/IP 协议,可以执行【开始】|【控制面板】|【网络连接】命令,右击“本地连接”并在弹出的快捷菜单中选择“属性”选项,将弹出“本地连接属性”对话框,单击【安装】按钮,弹出“选择网络组件类型”对话框,选择“协议”,然后单击【添加】按钮,在“网络协议”下,选择“Internet 协议(TCP/IP)”,然后单击【确定】按钮,如图 6-1-5 所示。安装完协议后,单击【关闭】按钮。

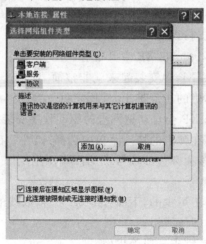

图 6-1-5　TCP/IP 通信协议的安装

(2)TCP/IP 通信协议的设置

在“本地连接 属性”对话框中选择已安装的“Internet 协议(TCP/IP)”,单击【属性】按钮,弹出“Internet 协议(TCP/IP)属性”对话框,如图 6-1-6 所示。在指定的位置输入已分配好的“IP 地址”和“子网掩码”,如果不确定可以询问网络管理员。如果该用户还要访问其他 Windows XP 网络的资源,还可以在“默认网关”文本框中输入网关地址。

5.实现网络共享

(1)共享打印机

右击“网上邻居”,在弹出的快捷菜单中选择“属性”选项,右击“本地连接”,在弹出的快捷菜单中选择“属性”选项,在弹出的对话框中单击【安装】按钮,双击“服务”安装“Microsoft 网络的文件和打印机共享”,单击【确定】按钮,需要重新启动计算机后才能生效。

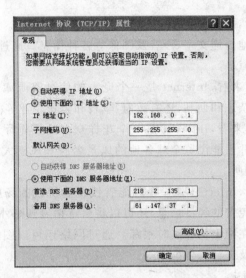

图 6-1-6　TCP/IP 通信协议的设置

（2）共享驱动器或目录

在"资源管理器"中或桌面上，打开"我的电脑"窗口，在要共享的驱动器或目录上右击，在弹出的快捷菜单中选择"共享"选项，在弹出的对话框中填写相应的内容。如果选择共享整个驱动器，则该驱动器下的所有目录均为网络共享。

打开"网上邻居"窗口可以看到网络上的计算机列表。双击要访问的计算机即可进入并访问共享驱动器或者文件。

任务四　Internet 相关知识

Internet 是什么？它是如何发展起来的？Internet 是目前世界上最大的计算机网络，几乎覆盖了整个世界，代表着当代计算机体系结构发展的一个重要方向。随着 Internet 的迅猛发展，人类社会的生活理念也因此发生了巨大的变化，Internet 使全世界真正成为了一个"地球村"和"大家庭"。

1. 什么是 Internet

（1）Internet 概述

Internet 是由 interconnection 和 network 两词结合而成的，中文译为因特网。它是一个建立在网络互联基础上的、最大的、开放的全球性网络。Internet 是全球信息资源的超大型集合体。所有采用 TCP/IP 协议的计算机都可加入 Internet，实现信息共享和相互通信。

Internet 是当今世界上最大的计算机网络通信系统。该系统拥有成千上万个数据库，提供的信息包括文字、数据、图像和声音等，信息属性有软件、图书、报纸、杂志和档案等；门类涉及政治、经济、科学、法律、军事、物理、体育和医学等社会生活的各个领域。Internet 是无数信息资源的集合，是一个无级网络，不为某个人或某个组织所控制，人人都可以通过 Internet 来交互信息和共享网上资源。

从通信的角度来看,Internet 是一个理想的信息交流媒体。利用 Internet 和 E-mail 能够快捷、安全和高效地传递文字、声音及图像等各种信息。通过 Internet 还可以打国际长途电话及召开视频会议等。

从获得信息的角度来看,Internet 是一个庞大的信息资源库。网络上有遍布全球的上千家图书馆,上万种杂志和期刊,还有政府、学校和公司企业等机构的详细信息等。

从娱乐休闲的角度来看,Internet 是一个花样众多的娱乐厅。网络上有很多专门的电影站点和广播站点,并且能浏览全球各地的风景名胜和风土人情。网上的各种论坛更是大家聊天交流的好场所。

从商业的角度来看,Internet 是一个既能省钱又能赚钱的场所。利用 Internet,足不出户,就可以得到各种免费的经济信息,还可以将生意拓展到海外。无论是股票证券行情还是房地产贸易信息,在网上均有实时跟踪。通过网络还可以图、声、文并茂地召开订货会和新产品发布会,以及进行广告推销等。

（2）Internet 发展简史

Internet 起源于 1969 年美国国防部的 ARPANET 网（Advanced Research Projects Agency Network,高级研究项目机构网络）。1983 年初,将所有军事基地的网络连入 ARPANET,并且采用了 TCP/IP 协议,这就是最早的 Internet。1986 年,美国国家科学基金会在美国政府的资助下,租用了电信公司的通信线路,组建了一个新的 Internet 骨干网——国家科学基金会（National Science Foundation）网络 NSFNET,用以连接当时的六大超级计算机中心和美国的大专院校和学术机构。1989 年 ARPANET 解体,同时 NSFNET 对外开放,从而成为 Internet 最重要的通信骨干网络。1991 年以前,Internet 被严格限制在科技、教育和军事领域,1991 年以后才开始转为商用。

1994 年 4 月 20 日,中国国家计算机与网络设施（NCFC,国内称为"中关村教育与科研示范网"）工程通过美国 Sprint 公司连入 Internet 的 64 Kb/s 国际专线并开通,实现了与 Internet 的全功能连接。从此中国正式被国际上承认为真正拥有全功能 Internet 的国家。

2. Internet 地址管理

（1）IP 地址

为了确保计算机间通信时能相互识别,在 Internet 上的每台主机都必须有一个唯一的标志,即主机的 IP 地址。IP 协议就是根据 IP 地址实现信息传递的。

IP 地址由 32 位（即 4 字节）二进制数组成,为书写方便起见,常将每个字节作为一段并以十进制数来表示,每段之间用"."分隔。例如,"212.92.215.11"就是一个合法的 IP 地址。

IP 地址由网络标志和主机标志两部分组成。常用的 IP 地址有 A、B 和 C 三类,每类均规定了网络标志和主机标志在 32 位中所占的位数。它们的表示范围分别为：

A 类地址：0.0.0.0～127.255.255.255；

B 类地址：128.0.0.0～191.255.255.255；

C 类地址：192.0.0.0～223.255.255.255；

其中,A 类地址用于大型网络,B 类地址用于中型网络,C 类地址用于小型网络。

（2）域名

由于 IP 地址不容易记忆，TCP/IP 协议专门设计了一种字符型的主机命名机制，也就是给主机定义一个有规律的名字，这就是域名。

域名的通常格式是：

主机名.机构名.网络名.顶级域名

其中，顶级域名（第一级域名）为组织或国家名，代表的意义见表 6-1-1。

表 6-1-1　　　　　　　　　　　顶级域名的意义

域　名	意　义	举　例
com	商业组织	www.microsoft.com
edu	教育部门	www.mit.edu
gov	政府部门	www.whitehouse.gov
mil	军事部门	www.defenselink.mil
net	网络组织	www.internic.net
org	非盈利组织	www.ims.org
int	国际组织	www.iom.int

项目总结

本项目是对计算机网络的初次探索，主要从网络的基本概念和协议、局域网的组建以及 Internet 的相关知识等方面展开。通过本项目的学习，希望大家能够在短时间内对计算机网络有初步的了解，为以后的学习打下坚实的基础。

拓展延伸

Internet 的基本服务方式

（1）电子邮件

电子邮件（Electronic Mail，简称 E-mail，标志：@，也被昵称为"伊妹儿"），又称电子信箱或电子邮政，是一种用电子手段进行信息交换的通信方式，是 Internet 应用最广的服务，通过网络的电子邮件系统，用户可以用非常低廉的价格（无论发送到哪里，都只需负担电话费和网费即可），以非常快速的方式（几秒钟之内可以发送到世界上任何指定的目的地），与世界上任何一个角落的网络用户联系，这些电子邮件可以是文字、图像和声音等各种方式。

（2）交互式信息检索

Internet 最热门的服务就是 WWW（World Wide Web），它是一个集文本、图像、声音和影像等多种媒体的最大信息发布服务，同时具有交互式服务功能，是目前用户获取信息的最基本手段。Internet 的出现产生了 WWW 服务，反过来，WWW 的产生又促进了 Internet 的发展。目前，Internet 上已无法统计 Web 服务器的数量，越来越多的组织、机构、企业、团体甚至个人，都建立了自己的 Web 站点和页面。

（3）文件传输

FTP 是 File Transfer Protocol（文件传输协议）的缩写。FTP 服务允许用户从一台计算机向另一台计算机复制文件。在通常情况下，我们登录远程主机的主要限制就是要取得进入主机的授权许可。然而匿名（Anonymous）FTP 是专门将某些文件提供给大家使用的系统。用户可以通过 Anonymous 用户名使用这类计算机，不要求输入口令。匿名 FTP 是最重要的 Internet 服务之一。实际上各种类型的数据存在于某处的某台计算机中，而且都免费供大家使用。

（4）电子公告板

BBS（Bulletin Board System）即电子公告牌系统，是 Internet 上的一种电子信息服务系统。它提供一块公共电子白板，每个用户都可以在上面书写，可发布信息或提出看法。需要说明的是，不是所有的站点都设有 BBS，而且有些站点即使设有 BBS 也需要用户先注册才能使用。

（5）新闻（Usenet）

Usenet 从不同的地方采集新闻，并给予一定的保存时间，供用户阅读。Usenet 是一个民办范围的电子公告板，用于发布公告、新闻和各种文章供大家使用、讨论、发表评论、做出回答和增加新内容等。同样也不是所有站点都设有 Usenet，而且有些站点即使有，也只提供给已注册的用户。

（6）远程登录（Telnet）

Telnet 允许用户通过本地计算机登录到远程计算机中。无论远程计算机是在隔壁，还是远在千里之外，只要用户拥有远程计算机的帐号，就可以使用远程计算机的资源，包括程序、数据库和该计算机上的各种设备。

自我练习

1．什么是计算机网络？它的发展经历了哪几个阶段？

2．TCP/IP 协议包括哪几层？各层的功能是什么？

3．域名和 IP 地址有何关系？

4．什么是域名？后缀 com、edu、gov 和 org 分别代表什么组织？

项目二　网络漫游

项目分析

【项目说明及解决方案】

本项目通过完成浏览器的使用、信息搜索和文件下载三个任务，使读者初步掌握遨游网络的基本技能。

【学习重点与难点】

- 信息搜索
- 文件的下载

项目实施

任务一 浏览网页

互联网上浏览网页内容首先要打开浏览器,那么什么是浏览器? 如何使用浏览器?

浏览器实际上是一个软件程序,用于与 WWW 建立连接,并与之进行通信。目前浏览器主要有微软公司提供的 IE 浏览器和谷歌公司提供的 Chrome 浏览器等,以及国内厂商开发的腾讯 TT 浏览器和 360 安全浏览器等。IE(Internet Explorer)浏览器是使用最广泛的浏览器,所以本任务主要讲解 IE 浏览器。

操作步骤如下:

1. 打开网页

启动 IE 浏览器,单击地址栏使地址栏中出现闪动的光标,在地址栏中输入一个网址,按回车键后,就会打开相应网站。例如,在地址栏输入"http://www.sohu.com",按回车键后就会出现如图 6-2-1 所示界面。

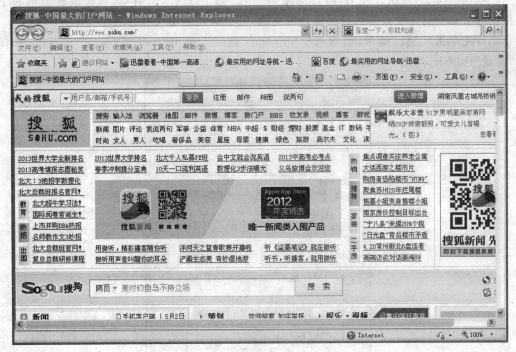

图 6-2-1 搜狐网站首页

打开后可以看到网站的首页,当页面太长、下侧和右侧的内容不能完全显示时,只要用鼠标拖动页面右侧和下侧的滚动条,使页面上下左右滚动即可。

2. 利用网页中的超级链接浏览

网站首页中的内容有很多,但大部分都是一些标题,如果要看具体内容,需要利用超级链接浏览。页面上的超级链接可以是一串字符或一幅图片,而且当鼠标指针悬停在超级链接上时,鼠标指针会变成手型,下方的状态栏中也会给出该链接所指的位置。

3."后退"和"前进"按钮的使用

单击 IE 工具栏中的"后退"按钮,可以回到上一个浏览过的网页。在"后退"按钮的右边还有一个"前进"按钮,这个按钮是"后退"按钮的反操作。

在"后退"按钮和"前进"按钮的右侧,有一个下拉按钮,单击该按钮会打开一个下拉列表,显示所浏览过的页面,如图 6-2-2 所示。

图 6-2-2 "后退"或"前进"按钮

4.自定义浏览器的主页

默认情况下,每次打开 IE 时自动显示的第一个网页(即主页)常常是微软公司的主页。那么如何将主页设置为自己喜欢的页面,省去烦琐的输入网址的环节呢?

首先单击"工具"菜单,然后选择"Internet 选项",弹出"Internet 选项"对话框,选择"常规"选项卡,如图 6-2-3 所示。

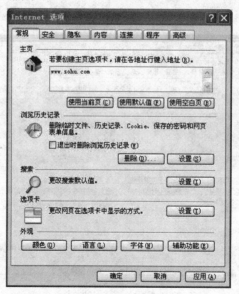

图 6-2-3 设置 IE 主页

在"常规"选项卡中"主页"标题栏中有三个选项:

①使用当前页:把用户当前正在浏览的页面作为 IE 启动时的主页。

②使用默认值:把微软公司的中文站点作为主页。

③使用空白页:使 IE 启动时显示空白的页面。

当然用户还可以直接在文本框中输入自己希望 IE 启动时自动显示的网页地址。选择或者输入完毕之后,单击【确定】按钮即可。

5. 使用收藏夹

IE 浏览器提供"收藏夹"功能,用户可以将自己喜爱的网页添加到收藏夹中,以后想要再次访问这些网页时,只要打开"收藏夹",在其中直接选择自己要访问的网页,即可快速打开该网页。

(1)将喜欢的网页地址添加到收藏夹

打开要保存的网页,执行菜单中的【收藏夹】|【添加到收藏夹】命令,如图 6-2-4 所示。

图 6-2-4　添加到收藏夹

此时系统会弹出"添加到收藏夹"对话框,在"名称"文本框中输入要为这个网页设置的名字后,单击【确定】按钮即可,如图 6-2-5 所示。

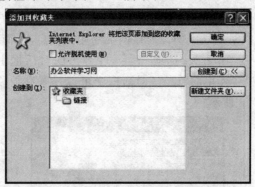

图 6-2-5　为收藏的网页命名

网页地址被添加入收藏夹后,想要再次访问时直接单击"收藏夹"菜单,在下拉菜单中找到该网页,单击后即可连接到该网页。

如果觉得使用"收藏夹"菜单比较麻烦,推荐使用 IE 提供的收藏夹栏。单击工具栏上的"收藏夹"按钮,或者按"Ctrl＋I"快捷键,IE 的左侧就会显示出收藏夹栏,如图 6-2-6所示。

(2)整理收藏夹

当收藏夹中的网址日渐增多时,收藏夹会杂乱无章,难以寻找到所需网址,这时应及时整理收藏夹。

执行"收藏夹"菜单中的"整理收藏夹"命令,或者使用"Ctrl＋B"快捷键,即弹出"整理收藏夹"对话框,如图 6-2-7 所示。在该对话框中可以进行新建、移动、删除和重命名等操作。

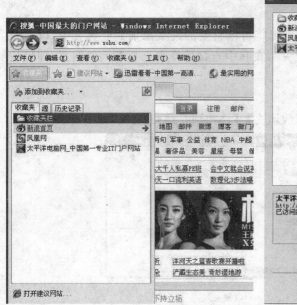

图 6-2-6 使用 IE 提供的收藏夹栏

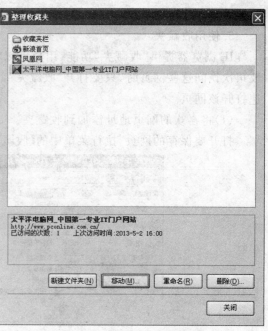

图 6-2-7 "整理收藏夹"对话框

6. Internet 临时文件

IE 专用一个文件夹来储存最近访问过的网页信息。如果我们要再次访问曾经访问过的网页,IE 就可以从临时文件夹中读取该网页的相关信息,从而提高上网的效率。

执行"工具"菜单中的"Internet 选项"命令,在弹出的对话框中有"浏览历史记录"标题栏。单击【设置】按钮,在弹出的"设置"对话框中可以设置存放临时文件的文件夹所占用空间的大小,如图 6-2-8 所示。

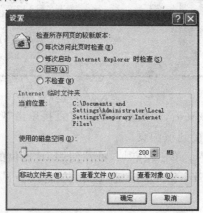

图 6-2-8 调整临时文件夹所占空间大小

单击"设置"对话框中的【查看文件】按钮,即可打开存放临时文件的"Temporary Internet Files"文件夹,如图 6-2-9 所示。

在"Internet 选项"对话框中,还可以单击【删除】按钮进行一次性清空临时文件夹所有内容的操作。每隔一定时间清理一次临时文件夹,不仅可释放占用的硬盘空间,还可抹

图 6-2-9　临时文件夹

去上网的"踪迹"。

7. Internet 的历史记录

用手机打过电话后,在手机上可以查到最近的呼叫记录,类似地 IE 里也一样有浏览记录。单击 IE 工具栏上的"历史"按钮或按"Ctrl＋H"快捷键,就会在窗口的左侧打开"历史记录"窗格。在该窗格中会列出最近一段时间访问过的网站,如图 6-2-10 所示。

图 6-2-10　显示 IE 历史浏览记录

单击"历史记录"窗格中的【查看】按钮，可以从下拉菜单中选择网页的排列方式，为查找网页创造更便利的条件，如图 6-2-11 所示。

删除历史记录的方法也很简单，只需在"Internet 选项"对话框中单击【删除】按钮即可。

图 6-2-11 "按今天的访问顺序"查看历史记录

8. 清除上网信息

在使用 IE 的过程中会有这样一种情况：用户在网页的文本框中输入的内容会被 IE 自动记住，再次输入时会进行下拉匹配，用户只要用向下的方向键进行选择即可。这一功能在 IE 里被称为"自动完成"，虽然给用户带来了一定的方便，但同时也给用户带来了潜在的泄密危险。

如要清除"自动完成"里的内容，则在"Internet 选项"对话框中选择"内容"选项卡，如图 6-2-12 所示，单击【自动完成】按钮，弹出"自动完成设置"对话框，如图 6-2-13 所示。在该对话框中用户可以选择应用自动完成功能的场合，也可以清除表单和密码列表里保存的信息。

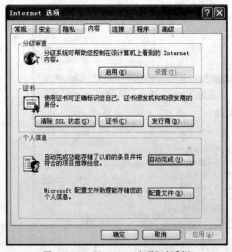

图 6-2-12 "Internet 选项"对话框

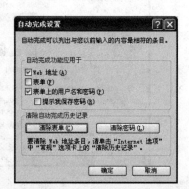

图 6-2-13 "自动完成设置"对话框

任务二 利用 Internet 进行信息搜索

随着 Internet 的迅速发展,网络信息不断丰富和扩展。然而这些信息却分布在无数的服务器上,普通用户难以收集甚至无法发现。信息搜索是 Internet 的主要功能之一,如何才能快速地进行信息搜索呢?

1. 搜索引擎的概念

搜索引擎是指根据一定的策略、运用特定的计算机程序从互联网上搜集信息,在对信息进行组织和处理后,为用户提供检索服务,将用户检索的相关信息展示给用户的系统。它收集了互联网上几千万到几十亿个网页,并对网页中的关键字进行索引,建立一个大型的目录。当用户查找某个关键字时,搜索引擎就在目录中查找包含了该关键字的网页。然后将结果按照一定的顺序排列出来,并提供通向该网站的链接。目前比较著名的搜索引擎有谷歌(Google)和百度等。

2. 图片搜索

我们经常喜欢在自己的计算机上设置一张满意的图片作为桌面背景,那么如何在网上快速地找到一张合适的图片呢?

使用百度图片搜索即可搜索超过 8.8 亿张图片,它是互联网上比较好用的图片搜索工具。在百度的首页上单击"图片"链接即可进入百度的图片搜索界面,如图 6-2-14 所示。

图 6-2-14 百度图片搜索界面

在文本框中输入"南京"后单击【百度一下】按钮进行搜索,结果页面如图 6-2-15 所示。百度给出的搜索结果是一个直观的缩略图,如果鼠标悬停到缩略图上,则显示该图片的简单描述,如图像文件名称、文件格式、长宽像素、大小及网址等。

图 6-2-15　搜索到的图片

单击缩略图,打开的页面被框架分为两个部分,如图 6-2-16 所示。在左边框架中,用户可以看到比缩略图稍大的图像。单击图像即可链接到实际的图片文件;右边的框架则显示图片的来源和信息。

图 6-2-16　框架页面

如果想更加精确地搜索图片,可以使用"高级搜索"对搜索条件进行更为详细的设置。

单击搜索文本框右侧的"高级"链接，打开设置页面，如图 6-2-17 所示。

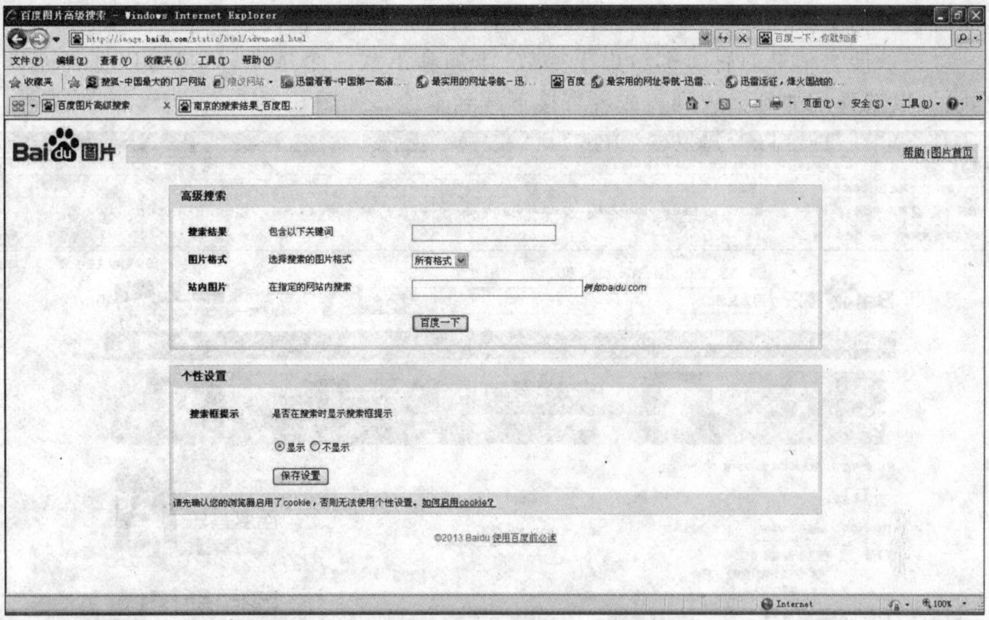

图 6-2-17　高级搜索

3. 音乐搜索

百度建立了庞大的音乐下载链接库。单击百度主页上的"音乐"链接进入百度音乐搜索页面，如图 6-2-18 所示。在搜索文本框中输入想要搜索的歌曲名称，然后单击【百度一下】按钮即可开始搜索。

图 6-2-18　百度音乐搜索

搜索时,可以选用歌名、歌词、歌手或者专辑作为关键字,也可以组合使用,例如,可以将歌曲名加歌手名一起搜,在歌曲名和歌手名之间加一个空格。

每一条搜索结果的后面都给出了播放、添加和下载三个选项,用户可以选择立即播放,也可以选择添加到播放列表或者直接下载到本地。如图 6-2-19 所示。

图 6-2-19　搜索结果页

任务三　网络资源的下载

网络世界精彩无限,特别是近几年,互联网上的资源越来越多,为了能方便地反复使用这些资源,很多资源需要下载到本地硬盘,这样既能省去每次搜索的时间,还能节省网费,比如音乐、电影、软件和文档等资源。

1. 下载工具简介

(1)第一类:非 P2P 类下载工具

这类下载工具适合服务器端能够提供稳定可靠的下载带宽和文件比较小的下载,下载时不占用上行带宽和计算机资源,下面举例说明。

①网际快车(FlashGet):通过把一个文件分成几个部分同时下载,下载速度可以提高100%到500%。网际快车可以创建不限数目的类别,每个类别指定单独的文件目录,不同的类别保存在不同的目录中,强大的管理功能包括支持拖曳、更名、添加描述、查找以及文件名重复时可自动重命名等。而且下载前后均可方便地管理文件。支持 mms 协议和rtsp 协议,如图 6-2-20 所示。

②影音传送带(Net Transport):影音传送带是一个快速稳定且功能强大的下载工具。其优点是下载速度一流,CPU 占用率低,尤其在宽带上特别明显,如图 6-2-21 所示。

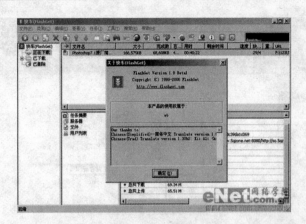

图 6-2-20 网际快车主界面

图 6-2-21 影音传送带主界面

（2）第二类：P2P 类下载工具

P2P 是 Point To Point 即点对点下载的意思，是下载术语，意思是本机在下载的同时，还可以继续作为主机上传。这种下载方式，人越多速度越快，适合下载电影等大文件，另外适合这类下载的网上资源也比较多。但缺点是对硬盘损伤比较大（在写操作的同时还要进行读操作），且对内存占用率很高，影响整机速度。下面举例说明。

迅雷：迅雷是一款新型的基于 P2P 技术的下载软件，通过优化软件本身架构及下载资源的优化整合实现了下载的"快而全"，更在用户文件管理方面提供了比较完善的支持，尤其对用户比较关注的配置、代理服务器、文件类别管理和批量下载等方面进行了扩充和完善，使得迅雷可以满足中、高级下载用户的大部分专业需求。

2. 使用迅雷下载软件

使用迅雷下载软件，必须确定该软件的下载地址。复制地址后，在迅雷主界面上，单击"新建"按钮，弹出"新建任务"对话框，如图 6-2-22 和图 6-2-23 所示，在该对话框中输入或粘贴下载地址后，单击【继续】按钮即可。

除了新建下载任务之外，还可以直接按住鼠标左键拖动链接地址到迅雷的悬浮窗口，松开后即可进行下载。

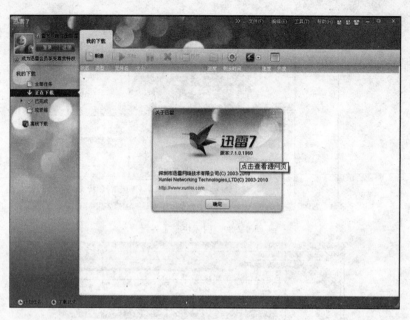

图 6-2-22　迅雷主界面

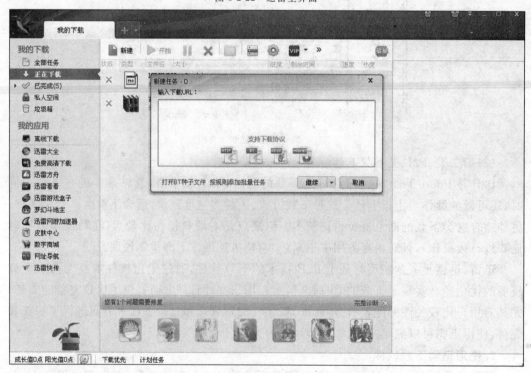

图 6-2-23　新建任务

3."另存为"下载

网络上有一些网页中的图片和文字信息,甚至整个网页都可以通过"另存为"命令下载到本地硬盘,如图 6-2-24 所示。

图 6-2-24 使用"另存为"命令保存图片

项目总结

本项目是对计算机互联网络的深入探究,主要从浏览器的使用、网络资源的信息检索和文件的下载等方面展开。通过本项目的学习,希望大家能够掌握在精彩无限的网络世界中遨游的基本技能,为以后的学习打下坚实的基础。

自我练习

1. 启动 IE 浏览器,浏览网站 www. hao123. com 和 www. hongen. com,并将其添加到收藏夹中。

2. 打开"计算机爱好者"的网站 www. cfan. com. cn,并将其设置为浏览器的主页。

3. 请利用搜索引擎搜索王菲的歌曲"传奇",并下载到本地硬盘。

4. 保存某个网页和该网页中的图片。

项目三 "圣诞祝福"电子邮件的发送

项目分析

【项目说明及解决方案】

本项目通过完成认识电子邮件、邮箱的申请和"圣诞祝福"贺卡的发送三个任务,使读者能够掌握这种传递快速、方便、可靠的现代化通信手段。

【学习重点与难点】

• 如何申请电子邮箱

• 电子邮件的收发

项目实施

任务一　电子邮件简介

与传统的邮件形式相比,电子邮件有许多优点,每一个与 Internet 接触的人几乎都离不开电子邮件。对某些用户群来说,电子邮件已经代替了传统的邮政系统。

一封邮件几乎在几秒或几分钟之内就能传送到世界的任何一个角落,如此的神奇,是如何实现的呢? 让我们先来认识这个神奇的家伙吧!

1. 什么是电子邮件

电子邮件又称"E-mail",也被大家昵称为"伊妹儿",是一种通过网络实现异地之间快速、方便、可靠地传递和接收信息的现代化通信手段。电子邮件是一种用电子手段提供信息交换的通信方式,是 Internet 中应用最广的服务,通过网络的电子邮件系统,用户可以用非常低廉的价格(无论发送到哪里,都只需负担电话费和网费即可),以非常快速的方式(几秒钟之内可以发送到世界上任何指定的目的地),与世界上任何一个角落的网络用户联系,这些电子邮件可以是文字、图像和声音等各种方式。

2. 电子邮件的特点

与普通信件相比,电子邮件具有以下几方面的特点:

(1)速度更快捷:电子邮件的发送和接收只需几秒钟即可完成。

(2)价钱更便宜:电子邮件比传统信件要便宜许多,距离越远越能体现这一优点。

(3)使用更方便:收发电子邮件都是通过计算机完成的,并且接收邮件无时间和地点限制。

(4)投递更准确:电子邮件将按照全球唯一的邮箱地址进行发送,保证准确无误。

(5)内容更丰富:电子邮件不仅可以传送文本,还能传送声音和视频等多种类型的文件。

3. 电子邮箱地址的含义

电子邮箱地址如现实生活中人们常用的信件一样,有收信人姓名和收信人地址等。其结构是:用户名@邮件服务器,如图 6-3-1 所示。"用户名"就是主机上使用的登录名,支持字母、数字和下划线的组合,对于同一个邮件接收服务器来说,这个登录名必须是唯一的,而"@"后面的是邮局服务计算机的标志(域名),由邮局方指定。如 support@68abc.com 即为一个邮件地址,指在 68abc.com"邮局"的 support"邮箱"。

图 6-3-1　电子邮件地址格式示意图

任务二 邮箱的申请

随着 Internet 的迅速发展,我们也越来越离不开 Internet,那么拥有自己的电子邮箱地址又成了很多人所必需的。目前国内很多网站提供免费电子邮件服务,这些免费电子邮件的邮箱大小各异,下面介绍几个具有影响力的免费电子邮箱及其申请过程。

1. 各大邮箱比较

①QQ 邮箱(mail. qq. com)

QQ 邮箱由腾讯公司于 2002 年推出,向用户提供安全、稳定、快速、便捷的电子邮件服务,目前已为超过 1 亿的邮箱用户提供免费和增值邮箱服务。

QQ 邮箱的注册过程相当简单,而且如果已经有 QQ 号码,可以直接登录 QQ 并激活邮箱(无需注册),QQ 邮箱首页如图 6-3-2 所示。

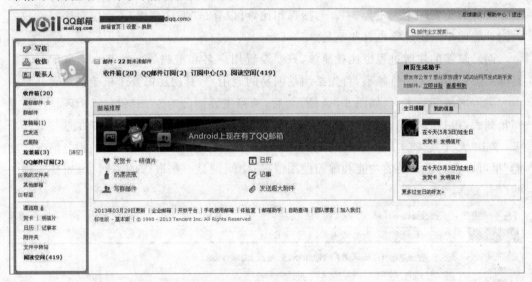

图 6-3-2 腾讯 QQ 邮箱首页

左侧是收件箱、草稿箱和垃圾箱等标准配备,同时比其他邮箱多一个"群邮件"功能,这是与 QQ 群组相联系的一个特殊邮件形式。单击"写信"按钮后,即可开始写信。

②搜狐邮箱(www. sohu. com)

搜狐是中国最早提供电子邮件服务的网站之一,其注册用户数量也非常巨大。但是由于起步较早,所以邮箱功能相对比较简单。

搜狐邮箱可以免费注册,进入邮箱界面后,左侧是邮箱的各个文件夹,如收件箱和草稿箱等。右侧则是邮件的具体信息。可以进行反垃圾设置和一些显示参数设置。除这些功能外,搜狐邮箱还添加了网络 U 盘等扩展功能,用来存放一些临时的日常文档。如图 6-3-3 所示。

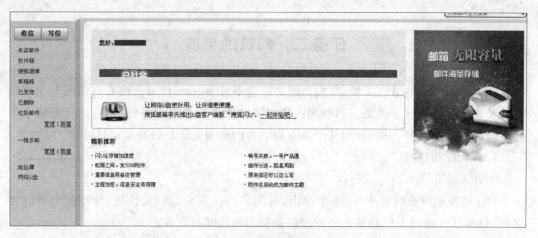

图 6-3-3　搜狐邮箱首页

③网易(www.163.com)

网易的免费邮箱大小为 3G。与搜狐相比,可以算是"海量存储"了。但对于经常收发大附件的用户来说,3G 也有些不足。

网易邮箱的注册过程也比较简单,只要设置用户名和密码等一些基本信息即可。但是如果想要申请无限量邮箱,首先必须是网易的老用户,其次还需要手机验证码确认等。

进入网易邮箱主页(如图 6-3-4 所示)后,邮箱主界面分为左、中和右三个区。左边是邮箱列表,包括收件箱、草稿箱和垃圾邮件等;右窗口设置了天气、积分和功能三个选项卡,单击"天气"选项卡可以了解当地实时天气情况,"积分"是该邮箱使用的积分情况,"功能"里可以查看已开通的功能和邮箱使用情况;中间则是一些嵌入的小网页,如新闻和一些广告页面。

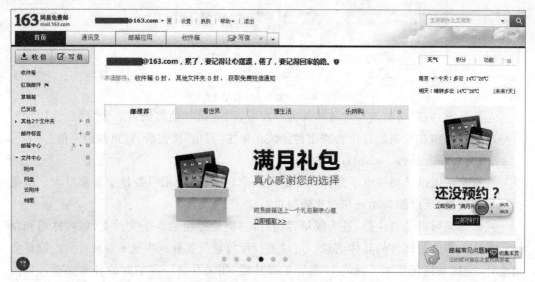

图 6-3-4　网易邮箱首页

2. 邮箱申请

要在网上收发电子邮件,必须先申请一个电子邮箱,申请的邮箱分为免费邮箱和收费邮箱两种。普通用户没有必要申请收费邮箱,只需申请免费的邮箱即可。而对于一些邮件收发量较大或对安全性要求较高的企业或个人,则可以申请收费邮箱。

下面以在搜狐网站中申请免费邮箱为例,讲解电子邮箱的申请方法,其操作步骤如下:

(1)打开 IE 浏览器,在地址栏中输入搜狐网站的地址"http://www.sohu.com"并按 Enter 键,打开搜狐网站的主页。

(2)单击主页中的"邮件"超级链接,进入邮箱登录界面,单击登录框下方的"现在注册",打开如图 6-3-5 所示的"邮件注册"网页。

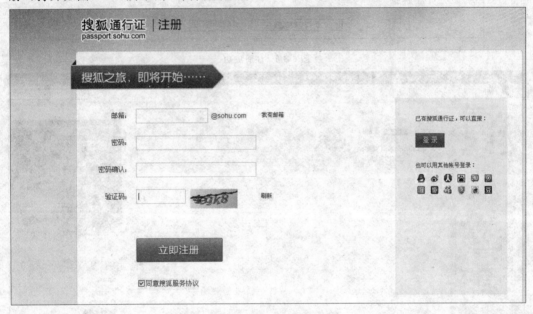

图 6-3-5　搜狐邮箱注册页

(3)在该网页中的"邮箱"文本框中输入所申请邮箱的用户名。

说明:各邮件服务器对用户名有不同的要求,如搜狐邮箱要求用户名只能是英文字母、阿拉伯数字以及"_","—"和"."字符,长度必须在 5～20 位且不能含有特殊字符,如汉字等。

(4)然后输入密码和验证码等内容。

说明:密码可以是英文字母、阿拉伯数字及特殊字符组成,尽量使用混合了数字、字母和符号的 6 位以上密码,不要使用太过简单或者与用户名相同或类似的密码,也尽量少用自己的生日等作为密码。

(5)输入完成后单击【立即注册】按钮,打开如图 6-3-6 所示的网页,提示邮箱已注册成功,并显示新注册的邮箱地址。

(6)单击【登录 2G 免费邮箱】按钮,打开如图 6-3-7 所示的网页,进入刚申请的邮箱主界面。

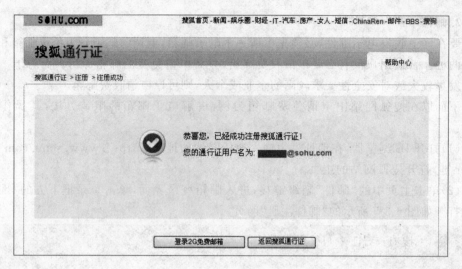

图 6-3-6　注册成功

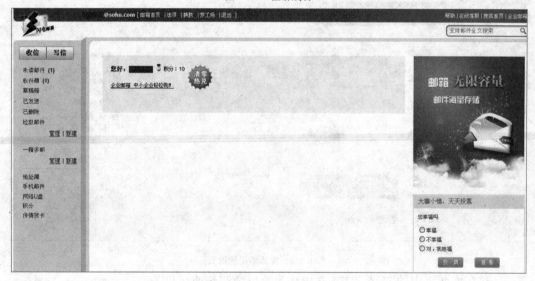

图 6-3-7　进入邮箱主界面

任务三　"圣诞祝福"贺卡发送

电子邮件可以在几秒钟之内发送到世界上任何指定的目的地,与世界上任何一个角落的网络用户联系,这些电子邮件可以是文字、图像和声音等各种方式。

当各式各样的节日来临时,给朋友和亲人发一封电子贺卡,既表达了祝福,也节省了时间和精力,是个不错的选择。

1.邮件的接收与发送

(1)接收邮件

通过浏览器接收电子邮件的操作步骤如下:

①在 IE 浏览器中打开邮箱所在网站，这里打开搜狐网站的首页。

②输入邮箱帐号和密码并登录邮箱，打开如图 6-3-8 所示的网页。

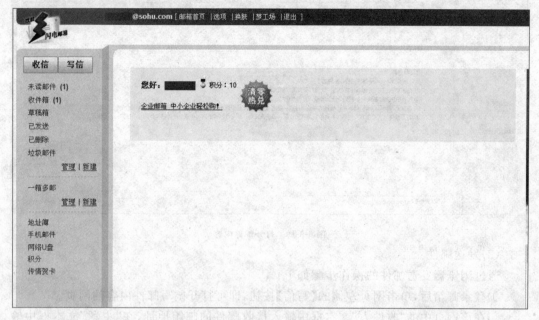

图 6-3-8　打开邮箱

③在网页左侧可以查看邮箱中已收到的未读邮件数，单击"收件箱"超级链接，进入收件箱。如图 6-3-9 所示。

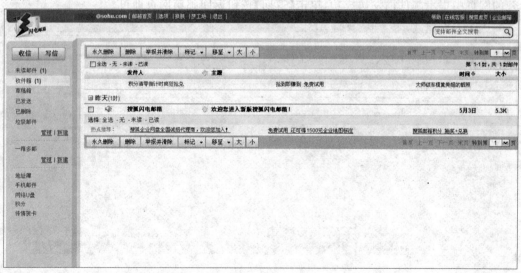

图 6-3-9　打开收件箱

④在收件箱页面的"主题"栏即可查看邮件的主题，单击该主题，即可在打开的网页中查看邮件的具体内容，如图 6-3-10 所示。

⑤在查看邮件内容的网页中，单击上方的各个按钮，即可进行相关的操作，如回复和删除邮件等。

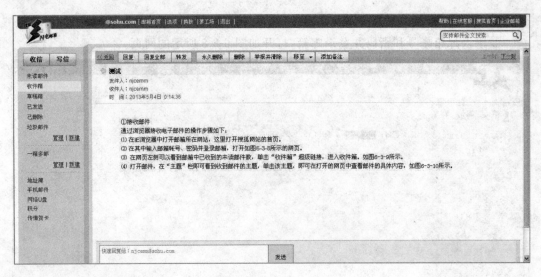

图 6-3-10　打开邮件内容

（2）发送邮件

通过浏览器发送邮件的操作步骤如下：

①登录邮箱后，单击网页左侧的【写信】按钮，即可打开撰写邮件内容的网页。

②在该网页中的"收件人"文本框中输入接收邮件的邮箱地址，在"主题"文本框中输入邮件的主题，在"正文"文本编辑框中输入邮件的内容，如图 6-3-11 所示。

③单击【发送】按钮，即可将撰写好的邮件发送到收件人的邮箱中，发送完成后将在打开的网页中提示邮件已发送成功，单击【返回】按钮返回邮箱网页即可。

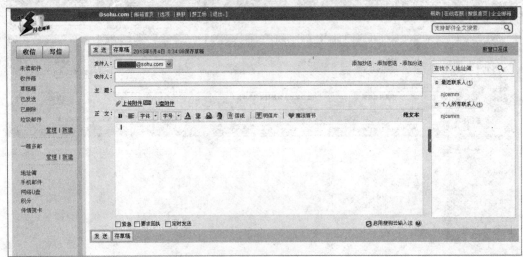

图 6-3-11　撰写并发送邮件

2.邮件配置选项设置

在收发电子邮件时，有时需要签名，有时用户因为出差在外或旅游度假，不能及时回复邮件，这时可以设置签名文件和自动回复功能等。一般各大邮箱都能进行一些功能设置。下面我们以搜狐电子邮件的配置选项中的"自动回复和自动转发"设置为例介绍如何设置邮件自动回复。

(1)登录邮箱后,单击网页上方的"选项"超级链接,即可打开邮件配置选项的网页,如图 6-3-12 所示。

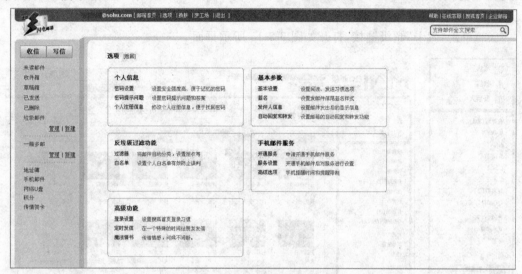

图 6-3-12 邮箱配置选项页

(2)在该网页中选择"基本参数"组中的"自动回复和自动转发",打开如图 6-3-13 所示的网页。一旦系统接收到新邮件时,系统将自动回复邮件给寄件人或自动转发至另一个收件人。

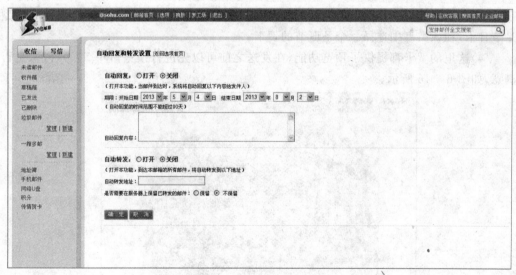

图 6-3-13 自动回复设置页

(3)在"自动回复"中选择"打开"单选按钮;在"期限"处设置"自动回复和自动转发"的有效期;在"自动回复内容"文本编辑框中输入要回复的内容,如"您的邮件已收到,因 5 月 4 日到 8 月 22 日出差在外,不能及时回复邮件,望谅解"等;最后单击【确定】按钮,自动回复功能设置完毕。在有效期内,所有的邮件到达后,将自动回复给发件人。

3."圣诞祝福"贺卡发送

每年的圣诞节我们要给亲人和朋友发一张电子贺卡,既时尚又便捷。下面以腾讯QQ邮箱为例介绍贺卡的发送。

(1)打开 QQ 邮箱,在邮箱的左边列表里有"贺卡"选项,如图 6-3-14 所示。

(2)单击"贺卡"超级链接,打开如图 6-3-15 所示页面。

图 6-3-14　邮箱列表　　　　　　　　　　图 6-3-15　邮箱贺卡页面

(3)在该页面里选择贺卡的类型,如友情卡、爱情卡和祝福卡等。这里要选择的类型是节日卡,在该类型中选择一个圣诞节的贺卡。

(4)这里的贺卡都提供了预览功能,在发送之前可以先进行预览,查看是否合适、是否满意,如图 6-3-16 所示。

图 6-3-16　贺卡预览页面

（5）如果预览满意，单击【发送】按钮，进入到发送页面，如图 6-3-17 所示，在"收件人"文本框中输入对方的电子邮箱地址，在"祝福语"文本框中输入祝福语，单击【发送】按钮，完成贺卡的发送。

图 6-3-17　贺卡发送页面

项目总结

本项目对电子邮件的使用进行详细学习，主要从电子邮件的认识、邮箱的申请和配置以及邮件的接收和发送等方面展开。通过本项目的学习，希望大家能够掌握电子邮件这个方便快捷的现代化通信手段，为以后的学习打下坚实的基础。

自我练习

1. 写出一个正确的电子邮件地址格式。

2. 给自己申请一个免费的电子邮箱地址。

3. 如果要实现一信多发，收件人的电子邮件地址如何填写？

4. 给你的老师或者同学发一封贺卡。

项目四　"网上购物"电子商务的应用

项目分析

【项目说明及解决方案】

通过网络，人们不仅可以进行信息的浏览和交流以及资源的发布和下载，还可以进行各类贸易活动。通过网络，我们在家里就可以进行以往必须出门才能办理的很多事情，如预订酒店或机票以及招聘或者应聘，甚至可以与同事或者客户召开会议等。这都是神奇的电子商务的快速发展以及网络服务的逐渐完善给我们带来的。本项目通过网上采购与销售、网上预订以及网上招聘与应聘等任务的完成,能够快速地让我们的生活趋于网络化,变得更加轻松。

【学习重点与难点】
- 电子商务的概念
- 网上采购与销售

项目实施

任务一　电子商务简介

与传统的商务形式相比,电子商务有许多优点,给我们带来很多方便,真正使我们有了地球村的感觉。

那电子商务到底是什么? 又有哪些吸引我们的特点呢?

1. 电子商务概念

电子商务通常是指是在全球各地广泛的商业贸易活动中,在 Internet 开放的网络环境下,基于浏览器/服务器应用方式,买卖双方不谋面地进行各种商贸活动,实现消费者的网上购物、商户之间的网上交易、在线电子支付以及各种商务活动、交易活动、金融活动和相关的综合服务活动的一种新型的商业运营模式。

目前许多公司都开展了电子商务,他们以网络为平台,以电子交易的方式进行商品的出售、订单的签发及产品的预订等各种商业活动。电子商务与传统贸易方式不同,其优越性是显而易见的。企业可以通过网络,直接接触成千上万的新用户,和他们进行交易,不但可以从根本上精简商业环节,降低运营成本,提高工作效率,增加企业利润,而且还能随时与遍及各地的贸易伙伴进行交流合作,增强企业间的联合,从而提高产品竞争力。

2. 电子商务的特点

电子商务与传统贸易方式相比,具有如下特点:

①流通环节减少:电子商务不需要批发商、专卖店和商场,客户通过网络即可直接从厂家订购产品。

②购物时间减少,增加客户选择余地:电子商务通过网络为各种消费需求提供广泛的选择余地,可以使客户足不出户便能购买到满意的商品。

③资金流通速度加快:电子商务中的资金周转无需在银行以外的客户、批发商和商场等之间进行,而是直接通过网络在客户银行内部账户上进行,大大加快了资金周转的速度,同时减少了商业纠纷。

④客户和厂家的交流增强:客户可以通过网络说明自己的需求,订购自己喜欢的产品,厂商则可以快速了解客户需求,避免生产上的浪费。

⑤刺激企业间的联合和竞争:企业之间可通过网络了解对手的产品性能、价格以及销售量等信息,从而促进企业改造生产技术,提高产品竞争力。

任务二　网上采购与销售

如今在许多网站上都可以进行网上买卖,如淘宝网、京东商城、当当网和亚马逊等,本任务将以在淘宝网进行交易为例讲解在网上进行寻找商品、采购和销售等贸易活动的方法。

1. 商品浏览

要在电子商务网站进行贸易活动,首先必须进行注册。在 IE 浏览器中输入淘宝网的地址"http://www.taobao.com"后按 Enter 键,打开"淘宝网"的首页,如图 6-4-1 所示。

图 6-4-1　淘宝网首页

单击导航栏中的"免费注册"超级链接即可在打开的网页中根据提示进行注册,其操作方法这里不做详述。注册成功后单击首页中的"登录"超级链接进行帐户的登录,登录成功后即可开始进行商品的买卖。要购买商品,需先寻找到自己需要的商品,其方法有以下几种:

(1)搜索:通过搜索引擎可以在淘宝网淘到自己想要的商品,比如输入"玩具",单击【搜索】按钮,即可在打开的网页中显示所有关于"玩具"商品的信息,如图 6-4-2 所示。

(2)浏览:在淘宝网中通过直接浏览的方式,可以按类别寻找商品。还可以根据淘宝店铺的属性来逐个浏览,如图 6-4-3 所示。

2. 购买商品

找到自己需要的商品后,即可进行采购。如要购买找到的"遥控玩具车",其操作步骤如下:

(1)在如图 6-4-4 所示的商品网页中,选好颜色和套餐,单击【立刻购买】按钮,打开收件地址填写栏,如图 6-4-5 所示。

(2)在其中输入相关信息,确认无误后单击【确定】按钮,然后单击网页底部的【提交订单】按钮。

图 6-4-2　搜索商品

图 6-4-3　分类浏览商品

图 6-4-4　购买商品

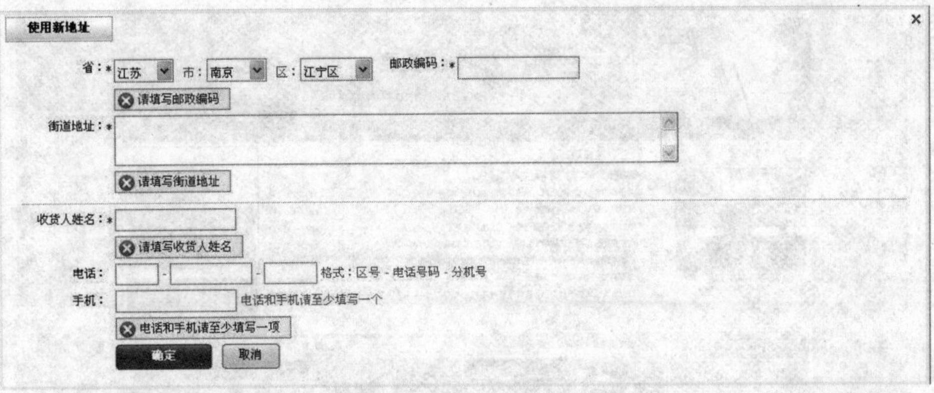

图 6-4-5　填写收件地址信息

（3）打开的网页中确认购买并同意支付货款，用户根据自己的实际情况选择支付方式即可。

3. 在线销售商品

除了购买商品，在网上还可以销售自己的商品，但要先进行身份认证，在没有通过认证之前，用户只能将商品放入仓库，通过认证之后才可将商品上架出售。要进行身份认证，可在淘宝网页中单击"我的淘宝"链接，在打开的页面中单击"实名认证"链接即可进行身份认证，在淘宝网中有两种实名认证方式，即个人认证和商家认证，用户可根据自己的需要进行操作。

认证通过后，网站会以邮件的形式通知用户，此时就可以在淘宝网开店销售商品了；如果认证失败，同样会以邮件的形式告知用户在哪个环节存在问题，可以根据邮件提示内容对认证资料进行修改，并回复邮件进行二次认证。

任务三　网上预订

通过网络，用户可以足不出户地进行酒店、机票、火车票或鲜花等的预订。下面以火车票预订为例，介绍网上预订的方法。

1. 火车票预订

通过浏览器打开铁道部唯一火车票预订官网，即中国铁路客户服务中心（www. 12306. cn），如图 6-4-6 所示。

（1）在网页右侧找到【网上购票用户注册】按钮并单击，进入注册页面，如图 6-4-7 所示。

（2）阅读"服务条款"，并单击下方的【同意】按钮进入基本资料填写页面，如图 6-4-8 所示。

（3）在网页中填写基本信息、详细信息和联系方式等，其中带"＊"的为必填项目，填写完成后，单击【提交注册信息】按钮。

（4）完成注册后，登录进入预订页面，单击"车票预订"超级链接进入到车票查询页面，如图 6-4-9 所示。

图 6-4-6　中国铁路客户服务中心官网首页

图 6-4-7　新用户注册服务条款

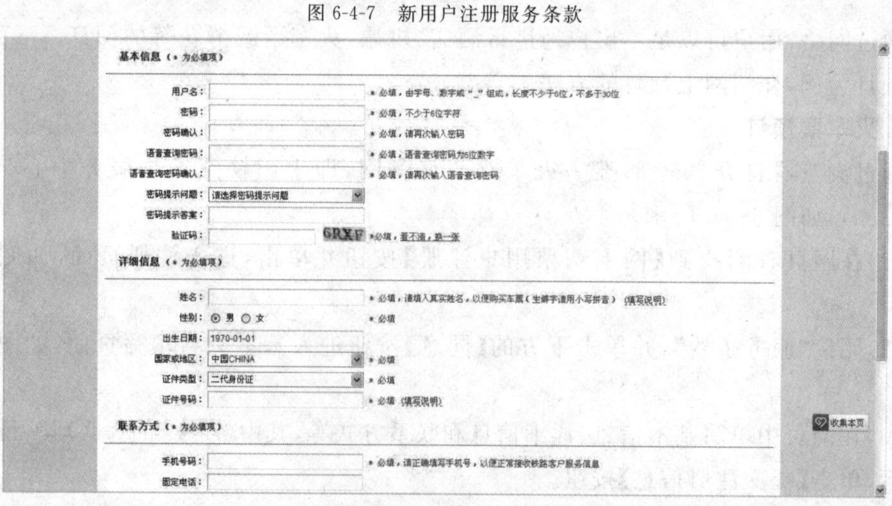

图 6-4-8　注册信息填写

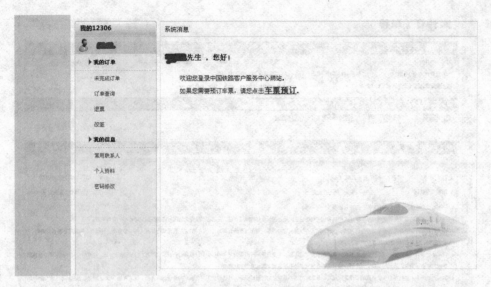

图 6-4-9　车票预订

(5)在车票查询页面中,设置"出发地""目的地"和"出发日期"等项目后,单击【查询】按钮则会显示所查的车票信息。如图 6-4-10 所示。

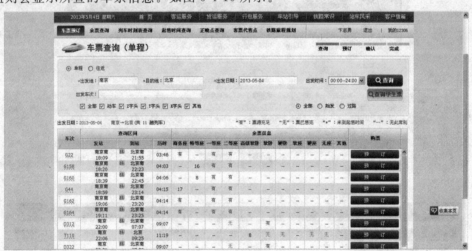

图 6-4-10　车票查询

(6)选择所需要的车次,单击后面的【预订】按钮,进入预订页面,填写乘车人信息和验证码等,最后单击下方的【提交订单】按钮。如图 6-4-11 所示。

(7)弹出订单确认页面,如图 6-4-12 所示,核对所有信息,确认无误后单击【确定】按钮。进入订单支付倒计时页面,如图 6-4-13 所示。因车票是特殊商品,具有一定的时效性,所以会有订单支付时间限制。单击【网上支付】按钮,根据自己的实际情况选择付费方式即可。

2. 其他预订服务

目前可以在网上进行预订的服务有很多,如鲜花和酒店等。下面列举一些预订服务类站点,供大家参考。见表 6-3-1。

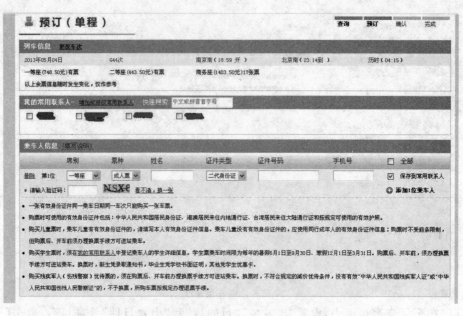

图 6-4-11　填写乘车人信息

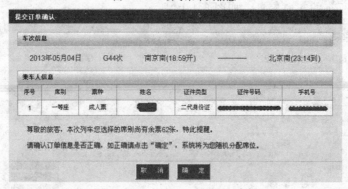

图 6-4-12　订单确认

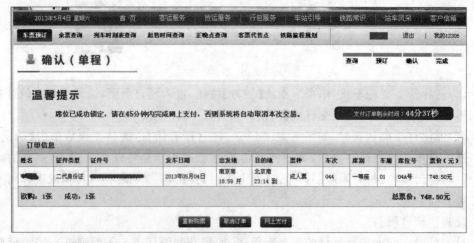

图 6-4-13　订单支付倒计时

表 6-3-1 预订服务类站点

网站名称	网站地址	服务内容
中国鲜花礼品网	http://www.hua.com/	鲜花、礼品预订
e 龙旅行网	http://www.elong.com	酒店、机票、车票预订
携程旅行网	http://www.ctrip.com	酒店、机票、车票预订
同程网	http://www.17u.cn/	酒店、机票、车票预订

任务四 网上求职

用人单位通过网络发布招聘信息，而应聘者也可以足不出户地查询这些招聘信息，然后投递简历，当通过用人单位的审核后，应聘者即可接受该单位面试或笔试等。

1. 在求职网站注册

在网上应聘时，首先需要进行会员注册，以便在网站中留下个人信息以及个人简历等内容。

下面以在"前程无忧"网站注册为例进行介绍，其操作步骤如下：

（1）在 IE 浏览器的地址栏中输入"前程无忧"网站的地址"http://www.51job.com"，然后按 Enter 键打开其首页，如图 6-4-14 所示。单击网页中登录模块下方的"注册"超级链接。

图 6-4-14 "前程无忧"网站首页

（2）打开用于输入注册信息的网页，如图 6-4-15 所示。输入完成后单击"确认并同意以下条款"按钮。

（3）如果注册成功，将开始填写简历，主要包括个人信息、教育经历和工作经历等。如图 6-4-16 所示。

图 6-4-15　"前程无忧"网站注册页

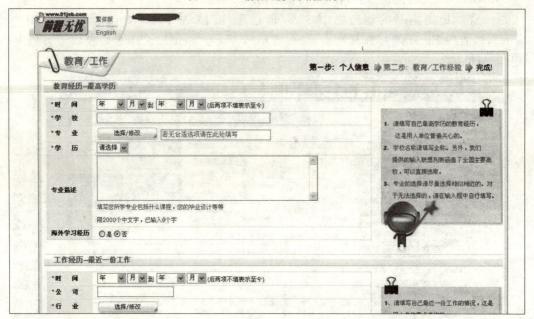

图 6-4-16　填写简历

2. 查找招聘信息并应聘

在招聘网站进行注册后，即可开始查找自己意向的职位并进行网上应聘。下面仍以在"前程无忧"网站查找招聘信息并应聘为例进行介绍，其操作步骤如下：

（1）打开"前程无忧"网站首页并登录后，打开"职位搜索"选项卡，如图 6-4-17 所示。

（2）分别在工作地点、行业类别、职能类别等下拉列表框中设置详细的搜索条件，然后单击【搜索】按钮，将打开所选地点和所选行业的招聘信息，如图 6-4-18 所示。

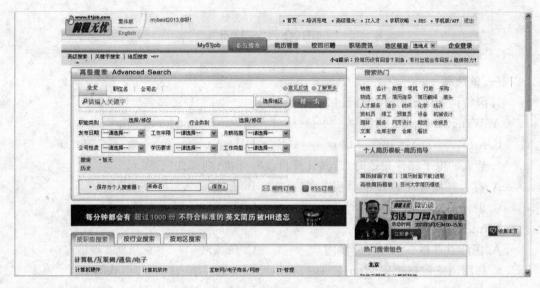

图 6-4-17 "职位搜索"选项卡

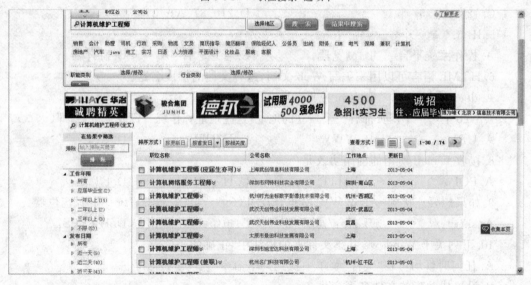

图 6-4-18 详细招聘信息

（3）单击各招聘信息的链接，将打开招聘信息的详细内容，并在打开的网页上显示该公司招聘的其他职位等相关信息。

（4）若要应聘这个职位，可单击【立即申请】按钮，然后按要求填写简历并向招聘单位发送求职申请。对方收到信息并初审合格后，会通过邮件或电话等方式与用户联系，并安排后续的笔试或面试。

项目总结

　　本项目是对电子商务系统的初步了解，主要是从网上购物、预订和求职等方面展开。通过本项目的学习，希望大家能够熟悉电子商务，并能够进行简单的电子商务活动，为我们自己的生活带来便利，为以后的学习打下坚实的基础。

理论练习题

一、单选题

1. 因特网中电子邮件的地址格式如（　　　）。

A. Wang@nit. edu. cn   B. wang. Email. nit. edu. cn

C. http://wang@ nit. edu. cn   D. http://www. wang. nit. edu. cn

2. 某人的电子邮件到达时，若其计算机没有开机，则邮件（　　　）。

A. 存放在服务商的 E-mail 服务器   B. 丢失

C. 退回给发件人   D. 开机时由对方重发

3. Internet 称为（　　　）。

A. 国际互联网   B. 广域网   C. 局域网   D. 世界信息网

4. 利用浏览器查看某 Web 主页时，在地址栏中也可填入（　　　）格式的地址。

A. 210. 37. 40. 54   B. 198. 4. 135

C. 128. AA. 5   D. 210. 37. AA. 3

5. IE 6.0 是一个（　　　）。

A. 操作系统平台   B. 浏览器   C. 管理软件   D. 翻译器

6. HTML 语言可以用来编写 Web 文档，这种文档的扩展名是（　　　）。

A. docx   B. htm 或 html   C. txt   D. xlsx

7. Web 上每一个网页都有一个独立的地址，这些地址称作统一资源定位器，即（　　　）。

A. URL   B. WWW   C. HTTP   D. USL

8. 接收 E-mail 所用的网络协议是（　　　）。

A. POP3   B. SMTP   C. HTTP   D. FTP

9. 如果想要连接到一个 WWW 站点，应当以（　　　）开头来书写统一资源定位器。

A. shttp://   B. ftp://   C. http://   D. HTTPS://

10. 下列关于 Windows 共享文件夹的说法中，正确的是（　　　）。

A. 任何时候均可在"文件"菜单中找到共享命令

B. 设置成共享的文件夹无变化

C. 设置成共享的文件夹图标下有一个箭头

D. 设置成共享的文件夹图标下有一个上托的手掌

11. 万维网的网址以 http 为前导，表示遵从（　　　）协议。

A. 超文本传输   B. 纯文本   C. TCP/IP   D. POP

12. Internet 网站域名地址中的 gov 表示（　　　）。

A. 政府部门   B. 商业部门   C. 网络机构   D. 非盈利组织

13. E-mail 地址的格式为（　　　）。

A. 用户名@邮件主机域名   B. @用户名邮件主机域名

C. 用户名邮件主机域名@   D. 用户名@域名邮件主机

14. WWW 使用 Browse/Server 模型,用户通过(　　)端访问 WWW。

A. 客户机 　　　　 B. 服务器 　　　　 C. 浏览器 　　　　 D. 局域网

15. URL 的一般格式为(　　)。

A. /＜路径＞/＜文件名＞/＜主机＞

B. ＜通信协议＞://＜主机＞/＜路径＞/＜文件名＞

C. ＜通信协议＞:/ ＜主机＞/＜文件名＞

D. //＜机＞/＜路径＞/＜文件名＞:＜通信协议＞

16. Novell 网使用的网络操作系统是(　　)。

A. CCDOS 　　　　 B. Netware 　　　　 C. UNIX 　　　　 D. UCDOS

17. 在电子邮件中所包含的信息(　　)。

A. 只能是文字

B. 只能是文字与图形图像信息

C. 只能是文字与声音信息

D. 可以是文字、声音和图形图像信息

18. 在 Internet 的基本服务功能中,远程登录所使用的命令是(　　)。

A. ftp 　　　　 B. telnet 　　　　 C. mail 　　　　 D. open

19. 以下(　　)不是顶级域名。

A. net 　　　　 B. edu 　　　　 C. www 　　　　 D. stor

20. 下列有关邮件帐号设置的说法中正确的是(　　)。

A. 接收邮件服务器使用的邮件协议名,一般采用 POP3 协议

B. 接收邮件服务器的域名或 IP 地址,应填入本人的电子邮件地址

C. 发送邮件服务器的域名或 IP 必须与接收邮件服务器相同

D. 发送邮件服务器的域名或 IP 必须选择一个其他的服务器地址

21. 常用的加密方法主要有两种,即(　　)。

A. 密钥密码体系和公钥密码体系

B. DES 和密钥密码体系

C. RES 和公钥密码体系

D. 加密密钥和解密密钥

22. 数字签名通常使用(　　)方式。

A. 公钥密码体系中的公钥和 Hash 相结合

B. 密钥密码体系

C. 公钥密码体系中的私钥和 Hash 相结合

D. 公钥密码体系中的私钥

23. 在 Internet Explorer 中打开网站和网页的方法不可以是(　　)。

A. 利用地址栏 　　　　　　　　 B. 利用浏览器栏

C. 利用链接栏 　　　　　　　　 D. 利用标题栏

24. 在 Outlook Express 中不可进行的操作是(　　)。

A. 撤销发送 　　　　 B. 接收 　　　　 C. 阅读 　　　　 D. 回复

25. Internet 和 WWW 的关系是（　　　）。

A. 都表示互联网,只是名称不同

B. WWW 是 Internet 上的一个应用功能

C. Internet 和 WWW 没有关系

D. WWW 是 Internet 上的一个协议

26. WWW 的作用是（　　　）。

A. 信息浏览　　　　　　　　　　　　B. 文件传输

C. 收发电子邮件　　　　　　　　　　D. 远程登录

27. URL 的作用是（　　　）。

A. 定位主机地址　　　　　　　　　　B. 定位网页地址

C. 域名与 IP 的子转换　　　　　　　D. 表示电子邮件地址

28. 域名系统 DNS 的作用是（　　　）。

A. 存放主机域名　　　　　　　　　　B. 存放 IP 地址

C. 存放邮件地址　　　　　　　　　　D. 将域名转换成 IP 地址

29. 电子邮件使用的传输协议是（　　　）。

A. SMTP　　　　　B. Telnet　　　　　C. HTTP　　　　　D. FTP

30. 当从 Internet 上获取邮件时,本人的电子信箱设在（　　　）。

A. 本人的计算机上　　　　　　　　　B. 发信给本人的计算机上

C. 本人的 ISP 服务器上　　　　　　　D. 根本不存在电子信箱

31.（　　　）技术可以防止信息收发双方的抵赖。

A. 数据加密　　　　　B. 访问控制　　　　　C. 数字签名　　　　　D. 审计

32. 从 www.dlut.edu.cn 可以看出,这是中国的一个（　　　）部门站点。

A. 工商　　　　　B. 教育　　　　　C. 政府　　　　　D. 科研

二、多选题

1. 通过 IE 的"另存为"功能可以将网页保存为下面哪种格式的文件（　　　）。

A. 网页,全部　　　　　　　　　　　B. Web 档案,单一文件

C. 网页,仅 HTML　　　　　　　　　D. 文本文件

E. Word 文件　　　　　　　　　　　F. Excel 文件

2. Google 的搜索方法有（　　　）。

A. 逐层搜索　　　　B. 关键词搜索　　　　C. 高级搜索　　　　D. 分词搜索

E. 垂直搜索

3. 在 Internet 上实现文件传输的协议是（　　　）。

A. FTP　　　　　　　　　　　　　　B. HTTP

C. TCP　　　　　　　　　　　　　　D. File Transfers Protocol

E. 文件传输协议

4. 在浏览器窗口中下载文件,下面在地址栏输入的格式哪些是正确的（　　　）。

A. ftp://wephp:123456@www.wephp.com

B. ftp://211.67.32.32/wecms.rar

C. ftp：//www. wephp. com/wecms. rar

D. ftp：//mailto：www. wephp. com

E. http：//211. 67. 32. 32/wecms. rar

F. http：//www. wephp. com/wecms. rar

5. 下面哪些是专用下载工具（　　　）。

A. FlashFXP　　　　B. FlashGet　　　　C. 网络蚂蚁　　　　D. 迅雷

F. Telnet　　　　G. Flash

6. 目前比较常用用的电子邮件应用程序有（　　　）。

A. Microsoft Office Outlook　　　　B. Microsoft Outlook

C. Foxmail　　　　D. Mailtalk　　　　E. QQ

7. 目前主要使用的网络即时通信软件有（　　　）。

A. ICQ　　　　B. 腾讯 QQ　　　　C. MSN　　　　D. FlashFXP

E. Telnet　　　　F. SKY

8. 下面哪个命令不能在电子公告板中注册一个新用户（　　　）。

A. new　　　　B. telnet　　　　C. open　　　　D. register

三、判断题

1. 每次打开 IE 浏览器都会有一个主页被自动载入，称为 IE 起始页。　　　（　　　）

2. 用户可以将正在浏览的网页内容以文件的形式存储起来供以后查阅，将网页保存为文件。　　　（　　　）

3. 在保存网页时，把网页另存为"网页，仅 HTML"格式，可以保留全部文字信息；可以用 IE 进行脱机浏览，但不包括图像和其他相关信息。　　　（　　　）

4. 把网页另存为"网页，仅 HTML"格式，一般以". mht"作为文件扩展名。　　　（　　　）

5. 在网页图片上右击，此时弹出一个快捷菜单，选中其中的"图片另存为"命令，打开"保存图片"对话框，选择图片格式只能是 GIF。　　　（　　　）

6. 使用 Google 的搜索方法有两种：一种是逐层搜索，一种是关键词搜索。　　　（　　　）

7. 在搜索时，关键词处输入用空格或者加号分隔开的多个关键词，这些关键词之间是"或"的关系。　　　（　　　）

8. 文件传输是指将一台计算机上的文件传送到另一台计算机中。在 Internet 上实现文件传输的协议是文件传输协议（File Transfers Protocol，FTP）。　　　（　　　）

9. 使用 FTP 协议传送的文件称为 FTP 文件，提供文件传输的服务器称为 FTP 服务器。　　　（　　　）

10. 把本地的文件发送到 FTP 服务器上，供所有的网上用户共享，称为上传文件（Upload）。　　　（　　　）

四、填空题

1. FTP 是_____的缩写。

2. Telnet 是_____的协议。

3. WWW 是_____的缩写。

4. 邮件列表又称作_____。

5. News Groups 被称为_____。

6. BBS 系统是_____的缩写。

7. WWW 中的信息资源主要由 Web 文档,或称 Web 页为基本元素构成。这些 Web 页采用_____的格式。

8. Hype Text Markup Language 的正式名称是超文本标记语言,简称_____。

9. "统一资源定位"简称为_____,表示超媒体之间的链接。

10. 浏览网页常用的方法有 URL 直接连接主页、通过超链接和_____。

模块七　计算机安全

项目一　计算机病毒

项目分析

【项目说明及解决方案】

本项目通过对病毒的概念、病毒的防治和典型病毒介绍三个任务的讲解，使读者了解计算机病毒的概念、分类、特征及传播途径，掌握计算机病毒防治的相关知识。

【学习重点与难点】

- 病毒的特征
- 病毒的传播途径
- 病毒的防治

项目实施

任务一　计算机病毒概述

由于我们的工作已经离不开计算机，经常需要网上浏览、查阅资料和收发电子邮件等，在活动的过程中，经常会遇到一些莫名的病毒的侵害，使我们的资料甚至经济利益受到损失。

那么病毒到底是什么？有什么特征呢？

1. 病毒

计算机病毒（Computer Virus）在《中华人民共和国计算机信息系统安全保护条例》中被明确定义，指"编制者在计算机程序中插入的破坏计算机功能或者破坏数据，影响计算机使用并且能够自我复制的一组计算机指令或者程序代码"。与医学上的"病毒"不同，计算机病毒不是天然存在的，而是某些人利用计算机软件和硬件所固有的脆弱性编制的一组指令集或程序代码。它能通过某种途径潜伏在计算机的存储介质（或程序）中，当达到某种条件时即被激活，通过修改其他程序的方法将自己的精确拷贝或者可能演化的形式放入其他程序中，从而感染其他程序，对计算机资源进行破坏。所谓的病毒就是人为造成的，对其他用户的危害性很大。

2. 计算机病毒的特征

计算机病毒和生物病毒一样具有传染性,但计算机病毒是在满足一定的条件时才被激活,产生极大的危害,通常计算机病毒都具有以下特征:

(1)传染性

计算机病毒不但本身具有破坏性,更有害的是具有传染性,一旦病毒被复制或产生变种,其速度之快令人难以预防。传染性是病毒的基本特征。在生物界,病毒通过传染从一个生物体扩散到另一个生物体。在适当的条件下,它可得到大量繁殖,并使被感染的生物体表现出病症甚至死亡。同样,计算机病毒也会通过各种渠道从已被感染的计算机扩散到未被感染的计算机,在某些情况下造成被感染的计算机工作失常甚至瘫痪。与生物病毒不同的是,计算机病毒是一段人为编制的计算机程序代码,这段程序代码一旦进入计算机并得以执行,就会搜寻其他符合其传染条件的程序或存储介质,确定目标后再将自身代码插入其中,达到自我繁殖的目的。只要一台计算机染毒,如不及时处理,病毒则会在这台计算机上迅速扩散。计算机病毒可通过各种可能的渠道,如 U 盘、硬盘、移动硬盘和计算机网络去传染其他的计算机。当在一台机器上发现了病毒时,往往曾在这台计算机上用过的 U 盘已感染上了病毒,而与这台机器相联网的其他计算机可能也被该病毒感染。是否具有传染性是判别一个程序是否为计算机病毒的最重要条件。

(2)隐蔽性

病毒一般是具有很高编程技巧、短小精悍的程序,通常附在正常程序中,且病毒程序与正常程序是不容易区别的。一般在没有防护措施的情况下,计算机病毒程序取得系统控制权后,可以在很短的时间里传染大量程序。而且受到传染后,计算机系统仍能正常运行,用户不会感觉到任何异常。大部分病毒代码之所以设计得非常短小,也是为了便于隐藏。病毒一般只有几百到 1 K 字节,而 PC 对 DOS 文件的存取速度可达到每秒几百 KB 以上,所以病毒瞬间便可将这短短的几百字节附着到正常程序之中,且人非常不易察觉。

(3)潜伏性

大部分病毒感染系统之后一般不会马上发作,它可以长期隐藏在系统中,只有在满足其特定条件时才启动其表现(破坏)模块,只有这样它才能进行广泛的传播。如"PETER-2"在每年 2 月 27 日会提 3 个问题,答错后会将硬盘加密;著名的"黑色星期五"在逢 13 号的星期五发作;国内的"上海一号"会在每年的 2、6 和 9 月的 13 号发作。当然最令人难忘的便是 26 日发作的 CIH。这些病毒在平时隐藏得很好,只有在发作日才会露出其真实面目。

(4)破坏性

任何病毒只要侵入系统,都会对系统及应用程序产生不同程度的影响。良性病毒可能只显示些画面或发出一些音乐和无聊的语句,或者根本没有任何破坏动作,只是占有系统资源。这类病毒较多,如 GENP、小球和 W-BOOT 等。恶性病毒则有明确的目的,如破坏数据、删除文件、加密磁盘和格式化磁盘等,有的对数据造成不可挽回的破坏。这也反映出病毒编制者的险恶用心。

(5)不可预见性

从对病毒检测方面来看,病毒还有不可预见性。不同种类的病毒,其代码千差万别,但有些操作还是共有的(如常驻内存和更改中断等)。有些人利用病毒的这种共性,制作了声称可以查所有病毒的程序。这种程序的确可以查出一些新病毒,但由于目前软件种类极其丰富,且某些正常程序也使用了类似病毒的操作甚至借鉴了病毒的技术,使用这种方法对病毒进行检测势必会造成较多的误报情况,而且病毒的制作技术也在不断地提高,病毒对反病毒软件永远是超前的。

3. 计算机病毒的分类

计算机病毒的分类方法比较多,到目前为止,还没有一个统一的分类方法。下面从病毒的寄生方式、破坏能力和病毒本身特性三个角度对计算机病毒进行分类。

(1)按照计算机病毒的寄生方式分类

按照计算机病毒的寄生方式,可以将其划分为引导型、文件型和混合型。

①引导型病毒

引导型病毒指寄生在磁盘引导区或主引导区的计算机病毒。此种病毒利用系统引导时不对主引导区的内容正确与否进行判别的缺点,在引导系统的过程中侵入系统,驻留内存,监视系统运行,伺机传染和破坏。按照引导型病毒在硬盘上的寄生位置又可细分为主引导记录病毒和分区引导记录病毒。主引导记录病毒感染硬盘的主引导区,如大麻病毒、2708病毒和火炬病毒等;分区引导记录病毒感染硬盘的活动分区引导记录,如小球病毒和Girl病毒等。

②文件型病毒

文件型病毒是计算机病毒的一种,主要感染计算机中的可执行文件(.exe)和命令文件(.com)。文件型病毒对计算机的源文件进行修改,使其成为新的带毒文件。一旦计算机运行该文件就会被感染,从而达到传播的目的。

文件型病毒分两类:一种是将病毒加在COM前部,一种是加在文件尾部。

文件型病毒传染的对象主要是.com和.exe文件。

③混合型病毒

混合型病毒指具有引导型病毒和文件型病毒寄生方式的计算机病毒,所以其破坏性更大,传染的机会也更多,杀灭也更困难。这种病毒扩大了病毒程序的传染途径,既感染磁盘的引导记录,又感染可执行文件。当染有此种病毒的磁盘用于引导系统或调用执行染毒文件时,病毒都会被激活。因此在检测和清除复合型病毒时,必须全面彻底地根治。如果只发现该病毒的一个特性,把它只当作引导型或文件型病毒进行清除,虽然好像是清除了,但还留有隐患,这种经过消毒后的"洁净"系统更有攻击性。

(2)按照计算机病毒的破坏能力分类

按照计算机病毒的破坏能力,可以将其划分为以下几种类型:

①无害型:除了传染时减少磁盘的可用空间外,对系统没有其他影响。

②无危险型:该类病毒仅仅是减少内存、显示图像及发出声音等。

③危险型:该类病毒在计算机系统操作中造成严重的错误。

④非常危险型:该类病毒删除程序、破坏数据、清除系统内存区和操作系统中重要的信息。

（3）按照计算机病毒自身的特性分类

按照计算机病毒自身的特性可将其划分为以下几种类型：

①伴随型病毒：该类病毒并不改变文件本身，它们根据算法产生.exe文件的伴随体，具有同样的名字和不同的扩展名（.com），例如，xcopy.exe的伴随体是xcopy.com，病毒把自身写入.com文件并不改变.exe文件，当DOS加载文件时，伴随体优先被执行到，再由伴随体加载执行原来的.exe文件。

②"蠕虫"型病毒：该类病毒通过计算机网络传播，不改变文件和资料信息，利用网络从一台机器的内存传播到其他机器的内存，计算网络地址，将自身的病毒通过网络发送。有时该类病毒存在于系统中，一般除了内存不占用其他资源。

③寄生型病毒：除了伴随型和"蠕虫"型，其他病毒均可称为寄生型病毒，它们依附在系统的引导扇区或文件中。

④诡秘型病毒：该类病毒一般不直接修改DOS中断和扇区数据，而是通过设备技术和文件缓冲区等DOS内部修改，不易看到资源，使用比较高级的技术。利用DOS空闲的数据区进行工作。

⑤变型病毒（又称幽灵病毒）：该类病毒使用一个复杂的算法，使自己每传播一份都具有不同的内容和长度。一般的做法是使用一段混有无关指令的解码算法和被变化过的病毒体组成。

4. 计算机病毒的症状

如果计算机出现以下情况，有可能是病毒引起的：

计算机系统运行速度减慢；

计算机系统经常无故发生死机；

计算机系统中的文件长度发生变化；

计算机的存储容量异常减少；

系统引导速度减慢；

丢失文件或文件损坏；

计算机屏幕上出现异常显示；

计算机系统的蜂鸣器出现异常声响；

磁盘卷标发生变化；

系统不识别硬盘；

对存储系统异常访问；

键盘输入异常；

文件的日期、时间和属性等发生变化；

文件无法正确读取、复制或打开；

命令执行出现错误；

虚假报警；

切换当前盘，有些病毒会将当前磁盘切换到C盘；

时钟倒转，有些病毒会命令系统时间倒转，逆向计时；

Windows操作系统无故频繁出现错误；

系统异常重新启动；

一些外部设备工作异常；

异常要求用户输入密码；

Word 或 Excel 提示执行"宏"；

不应驻留内存的程序驻留内存。

5. 计算机病毒的传播途径

虽然计算机病毒的破坏性、潜伏性和寄生场所各有千秋，但其传播途径却是有限的，防治病毒也应从其传播途径下手，以达到治本的目的。计算机病毒的传播途径主要有如下两种：

①移动存储设备：由于 U 盘和光盘等移动存储设备具有携带方便的特点，所以成为计算机之间相互交流的重要工具，也正因为如此成为病毒的主要传染介质之一。

②计算机网络：通过网络可以实现资源共享，但与之同时，计算机病毒也不失时机地寻找可以作为传播媒介的文件或程序，通过计算机网络传播到其他计算机上。随着网络的不断发展，网络本身也逐渐成为病毒传播的最主要途径。

任务二　计算机病毒的防治

由于计算机病毒具有一定的破坏性，为了防止我们的数据遭到破坏，带来不必要的损失，在日常使用计算机的过程中，要做好计算机病毒的防治工作。

1. 计算机病毒的预防

(1)建立良好的安全习惯

①不要随意接收和打开陌生人发来的邮件或者通过 QQ 等软件传递的文件或网址；不要访问一些不熟悉的网站；不要执行从 Internet 下载后未经杀毒处理的软件等。

②使用光盘、U 盘和移动硬盘等移动存储设备之前，先杀毒再打开。

③安装正版杀毒软件和防火墙，并经常更新病毒库，定期进行全盘扫描。

④关闭计算机自动播放功能，并对计算机和移动存储设备进行常见病毒免疫设置。

(2)关闭或删除系统中不需要的服务

默认情况下，许多操作系统会安装一些辅助服务，如 FTP 客户端、Telnet 和 Web 服务器。这些服务为攻击者提供了方便，而又对普通用户没有太大用处，如果将其删除，就能大大减少被攻击的可能性。

(3)经常升级安全补丁

据统计，有 80% 的网络病毒是通过系统安全漏洞进行传播的，如蠕虫王、冲击波和震荡波等，所以应该定期到微软官方网站下载最新的安全补丁，以防患于未然。

(4)使用复杂的密码

许多网络病毒就是通过"暴力破解"和"穷举法"等方法猜测简单密码来攻击系统的，因此使用复杂的密码，将会大大提高计算机的安全系数。

2. 计算机中毒后的必要措施

（1）了解病毒的症状等相关知识

了解一些病毒的基本症状才能及时发现病毒并采取相应措施，把病毒所造成的损失降低到最低；掌握一定的注册表知识，定期查看注册表的自启动项是否有可疑键值；掌握一些内存知识，经常查看内存中是否有可疑程序驻留。

（2）迅速隔离受感染的计算机

当发现计算机感染病毒或异常时，应立刻断网，以防止计算机受到更多的感染，或者成为传播源，再次感染其他计算机。

（3）清除病毒

①手动清除

手动清除一般是指在安全模式下，通过对比和软件检测，删除异常文件或者用正常文件覆盖感染病毒的文件，从而达到清除病毒的目的。这种方法需要具有一定的计算机和病毒的相关知识。

②杀毒软件

利用专门的防病毒软件，对计算机病毒进行检测和消除。这种方法是最常用的，但因为病毒与反病毒之间的关系，杀毒软件对一些最新的病毒依然没有效果。

任务三　计算机杀毒软件的使用

目前互联网病毒泛滥，为了防止计算机感染病毒，在使用的过程中时刻都应该做好防治和杀毒工作，这就要我们掌握杀毒软件的使用方法。

1. 什么是杀毒软件

杀毒软件，也称反病毒软件或防毒软件，是用于消除计算机病毒、特洛伊木马和恶意软件的一类软件。杀毒软件通常集成监控识别、病毒扫描及清除和自动升级等功能，有的杀毒软件还带有数据恢复等功能，是计算机防御系统（包含杀毒软件、防火墙、特洛伊木马和其他恶意软件的查杀程序和入侵预防系统等）的重要组成部分。

（1）杀毒软件原理

反病毒软件的任务是实时监控和扫描磁盘。部分反病毒软件通过在系统添加驱动程序的方式，进驻系统，并且随操作系统启动。大部分杀毒软件还具有防火墙功能。

反病毒软件的实时监控方式因软件而异。有的反病毒软件通过在内存里划分一部分空间，将计算机中流过内存的数据与反病毒软件自身所带的病毒库（包含病毒定义）的特征码相比较，以判断是否为病毒。另一些反病毒软件则在所划分到的内存空间中，虚拟执行系统或用户提交的程序，根据其行为或结果做出判断。

（2）杀毒软件常识

①杀毒软件不可能查杀所有病毒；

②杀毒软件能查到的病毒，不一定能杀掉；

③同一台计算机同一操作系统下不能同时安装两套或两套以上的杀毒软件（除非有

兼容或绿色版）；

④杀毒软件对被感染的文件处理有多种方式：

• 清除：清除被蠕虫感染的文件，清除后文件恢复正常。如同人生病，清除是给这个人治病，删除是人生病后直接杀死。

• 删除：删除病毒文件。这类文件不是被感染的文件，而是本身就含毒，无法清除，可以直接删除。

• 禁止访问：禁止访问病毒文件。在发现病毒后用户如果选择不处理则杀毒软件可能将禁止对该病毒文件的访问。用户打开时会弹出错误对话框，内容是"该文件不是有效的 Win32 文件"。

• 隔离：病毒删除后转移到隔离区。用户可以从隔离区找回已删除的文件。隔离区的文件不能运行。

• 不处理：不处理该病毒。如果用户暂时不能确定该文件是不是病毒则可以暂时不做处理。

大部分杀毒软件是滞后于计算机病毒的。所以，除了及时更新升级软件版本和定期扫描同时还要注意充实自己的计算机安全以及网络安全知识，做到不随意打开陌生的文件或者不安全的网页，不浏览不健康的站点，注意更新自己的隐私密码，配套使用安全助手与个人防火墙等。这样才能更好地维护好自己的计算机以及网络安全。

(3)云安全

"云安全(Cloud Security)"计划是网络时代信息安全的最新体现，融合了并行处理、网格计算和未知病毒行为判断等新兴技术和概念，通过网状的大量客户端对网络中软件行为的异常进行监测，获取互联网中木马和恶意程序的最新信息，推送到服务端进行自动分析和处理，再把病毒和木马的解决方案分发到每一个客户端。

未来杀毒软件将无法有效地处理日益增多的恶意程序。来自互联网的主要威胁正在由计算机病毒转向恶意程序及木马，在这样的情况下，采用的特征库判别法显然已经过时。云安全技术应用后，识别和查杀病毒不再仅仅依靠本地硬盘中的病毒库，而是依靠庞大的网络服务，实时进行采集、分析以及处理。整个互联网就是一个巨大的"杀毒软件"，参与者越多，每个参与者就越安全，整个互联网就会更安全。

云安全的概念提出后，曾引起了广泛的争议，许多人认为这是个伪命题。但事实胜于雄辩，云安全的发展像一阵风，腾讯电脑管家、360 杀毒、360 安全卫士、瑞星杀毒软件、卡巴斯基、MCAFEE、SYMANTEC、江民科技、PANDA、金山毒霸和卡卡上网安全助手等都推出了云安全解决方案。腾讯电脑管家于 2013 年实现了云鉴定功能，在 QQ2013 beta2 中打通了与腾讯电脑管家在恶意网址特征库上的共享通道，每一条在 QQ 聊天中传输的网址都将在云端的恶意网址数据库中进行验证，并立即返回鉴定结果到聊天窗口中。依托腾讯庞大的产品生态链和用户基础，腾讯电脑管家已建立起全球最大的恶意网址数据库，并通过云举报平台实时更新，在防网络诈骗和反钓鱼等领域已处于全球领先水平，因此能够实现 QQ 平台中更精准的网址安全检测，防止用户因不小心访问恶意网址而造成的财产或账号损失。

云安全技术是 P2P 技术、网格技术和云计算技术等分布式计算技术混合发展和自然演化的结果。

2. 常用杀毒软件

目前国内反病毒软件主要有三大巨头，即 360 杀毒、金山毒霸和瑞星杀毒软件，且反响都不错，均已实施云安全方案。但是都有优缺点，下面详细介绍这三大巨头。

（1）360 杀毒

360 杀毒是永久免费、性能超强的杀毒软件，在中国的市场占有率较高。360 杀毒采用领先的五个引擎，即国际性价比高的 BitDefender 引擎、修复引擎、360 云引擎、360QVM 人工智能引擎和小红伞本地内核，强力杀毒，全面保护计算机安全，拥有完善的病毒防护体系。360 杀毒轻巧快速，查杀能力超强，独有可信的程序数据库，防止误杀，依托 360 安全中心的可信程序数据库，实时校验，为计算机提供全面保护。最新版本特有全面防御 U 盘病毒功能，彻底剿灭各种借助 U 盘传播的病毒，第一时间阻止病毒从 U 盘运行，切断病毒传播链。

360 杀毒采用领先的病毒查杀引擎及云安全技术，能查杀数百万种已知病毒。360 杀毒的病毒库每小时升级一次，使计算机及时拥有最新的病毒清除能力。360 杀毒有优化的系统设计，对系统运行速度的影响极小，独有的"游戏模式"还会在用户玩游戏时自动采用免打扰方式运行，让用户拥有更流畅的游戏乐趣。360 杀毒和 360 安全卫士配合使用，是安全上网的"黄金组合"。

（2）金山毒霸

金山毒霸杀毒软件是金山公司推出的计算机安全相关产品，监控和杀毒全面、可靠，占用系统资源较少。其软件的组合版功能强大（如新毒霸"悟空"版和金山卫士），集杀毒、监控、防木马和防漏洞为一体，是一款具有市场竞争力的杀毒软件。金山毒霸 2011 是世界首款应用"可信云查杀"的杀毒软件，颠覆了金山毒霸 20 年的传统技术，全面超过主动防御及初级云安全等传统方法，采用本地正常文件白名单快速匹配技术，配合金山可信云端体系，实现了安全性，提高了检出率与速度。

（3）瑞星杀毒软件

瑞星杀毒软件的监控能力是十分强大的，但同时占用系统资源较大。瑞星采用第八代杀毒引擎，能够快速、彻底查杀各种病毒。

瑞星杀毒软件拥有后台查杀（在不影响用户工作的情况下进行病毒的处理）、断点续杀（智能记录上次查杀完成文件，继续针对未查杀的文件进行查杀）、异步杀毒处理（在用户选择杀毒处理的过程中，不中断查杀进度，提高查杀效率）、空闲时段查杀（利用用户系统空闲时间进行病毒扫描）、嵌入式查杀（可以保护 MSN 等即时通讯软件，并在 MSN 传输文件时对文件进行扫描）和开机查杀（在系统启动初期进行文件扫描，以处理随系统启动的病毒）等功能。此外还有木马入侵拦截和木马行为防御功能，基于病毒行为的防护，可以阻止未知病毒的破坏。还可以对计算机进行体检，帮助用户发现安全隐患。并有工作模式的选择，家庭模式为用户自动处理安全问题，专业模式下用户拥有对安全事件的处理权。

项目总结

本项目研究了计算机病毒,通过本项目掌握计算机病毒的分类、特征和传播方式等,为以后学习计算机防护方面的知识打下了坚实的基础。

自我练习

1.什么是计算机病毒,有什么特征?

2.计算机病毒有哪些传播途径?

3.Internet 用户主要面临的安全威胁有哪几类?

4.什么是计算机病毒? 它有什么特征? 有哪几种类型?

5.对计算机病毒的预防,需要有哪些措施?

6.常见的杀毒软件有哪些?

理论练习题

一、单选题

1.计算机病毒的特点是( )。

A.传染性、安全性、易读性   B.传染性、潜伏性、破坏性

C.传染性、破坏性、易读性   D.传染性、潜伏性、安全性

2.下列计算机系统的工作状况中,不属于计算机病毒症状的是( )。

A.文件数无故增多   B.死机并不能正常启动

C.出现莫名其妙的图形   D.可以随意修改文本文件

3.目前最主要的病毒传播途径是( )。

A.集成电路芯片   B.计算机网络

C.软盘   D.CD-ROM

4.下列中( )不属于计算机病毒的特征。

A.破坏性   B.传染性   C.潜伏性   D.暴露性

5.下列在防范计算机病毒的措施中( )不适用。

A.给计算机加防病毒卡

B.定期使用最新版本杀病毒软件对计算机进行检查

C.对硬盘上的重要文件,要经常进行备份保存

D.直接删除已被病毒感染的系统文件

二、问答题

1.什么是病毒? 有什么特征?

2.计算机病毒的主要传染途径是什么? 如何防范计算机病毒?

3.计算机的安装措施都有哪些?

附录　理论练习题参考答案

模块一

一、单选题

1. B　2. C　3. A　4. D　5. C　6. B　7. B　8. B　9. C　10. A
11. D　12. C　13. A　14. B　15. D　16. A　17. B　18. D　19. D　20. D
21. B　22. A　23. C　24. B　25. B　26. B　27. C　28. D　29. A　30. A
31. B　32. B　33. A　34. B　35. B　36. D　37. A　38. C　39. B　40. A
41. B　42. C　43. C　44. C　45. A　46. C

模块五

一、单选题

1. D　2. C　3. A　4. A　5. A　6. D

二、多选题

1. BC　　　2. ABC

模块六

一、单选题

1. A　2. A　3. A　4. A　5. B　6. B　7. A　8. B　9. C　10. D
11. A　12. A　13. A　14. C　15. B　16. B　17. D　18. B　19. C　20. A
21. A　22. C　23. D　24. A　25. B　26. A　27. B　28. D　29. A　30. C
31. C　32. B

二、多选题

1. ABCD　　2. AB　　　3. ADE　　　4. ABCEF　　5. ABCD
6. ABCD　　7. ABCF　　8. BCD

三、判断题

1. 正确　2. 正确　3. 正确　4. 错误　5. 错误
6. 正确　7. 错误　8. 正确　9. 正确　10. 错误

四、填空题

1. File Transfer Protocol   2. 远程登录

3. World Wide Web   4. Mailing List

5. 新闻组   6. BBS—Bulletin Board System

7. 超文本   8. HTML

9. URL   10. 使用搜索引擎

模块七

一、单选题

1. B   2. D   3. B   4. D   5. D

二、问答题

略

参 考 文 献

[1] 杨正翔,李谦.计算机应用基础主编[M].南京:南京大学出版社,2011.

[2] 叶丽珠,马焕坚.大学计算机基础项目式教程[M].北京:北京邮电大学出版社,2010.

[3] Excel Home.Excel 2010 应用大全[M].北京:人民邮电出版社,2011.

[4] 杰诚文化.最新 Office 2010 高效办公三合一[M].北京:中国青年出版社,2010.

[5] 王国胜.Office 2010 实战技巧精粹辞典[M].北京:中国青年出版社,2012.

[6] 王津.计算机应用新编教程[M].北京:中国铁道出版社,2011.

[7] 李满,梁玉国.计算机应用基础[M].2 版.北京:中国水利水电出版社,2011.

[8] 王崇国,陈琳.计算机应用基础教程[M].2 版.北京:电子工业出版社,2012.

[9] 王崇国,陈琳.计算机应用基础教程实训与习题[M].2 版.北京:电子工业出版社,2012.